◇纠错能力◇
人生少走弯路的诀窍

纠错能力

李博 ◎ 主编

中国书籍出版社

图书在版编目（CIP）数据

纠错能力/李博主编. -- 北京：中国书籍出版社，2024.11. -- ISBN 978-7-5241-0038-6

Ⅰ.B848.4-49

中国国家版本馆 CIP 数据核字第 2024X7E663 号

纠错能力

李博　主编

责任编辑：	毕　磊
责任印制：	孙马飞　马　芝
封面设计：	阳春白雪
出版发行：	中国书籍出版社
地　　址：	北京市丰台区三路居路 97 号（邮编：100073）
电　　话：	（010）52257143（总编室）　（010）52257140（发行部）
电子邮箱：	chinabp@vip.sina.con
经　　销：	全国新华书店
印　　刷：	唐山楠萍印务有限公司
开　　本：	680 毫米 ×920 毫米　1/16
字　　数：	191 千字
印　　张：	16
版　　次：	2024 年 11 月第 1 版　2024 年 12 月第 1 次印刷
书　　号：	ISBN 978-7-5241-0038-6
定　　价：	39.00 元

版权所有　翻印必究

前言

如果你是一个细心的人，就会发现生活中的这种现象：行事果断的人，也有犹豫不决的时候；做事专注的人，偶尔也会马虎大意；胆子再大的人，某一时也免不了紧张胆怯；口才最好的人，有时也会口吃……这也印证了一句古话："金无足赤，人无完人。"也就是说只要是人，就不会拥有真正的完美，就一定会在生命的轨迹里留下缺痕和遗憾。

如何才能减少错误，尽可能避免错误呢？这就涉及了普罗大众最为关注的焦点——自我纠错能力。中国著名学者、收藏家马未都先生说："没有一个人一生中每一步都是迈对的，只不过我下一步能否把迈错的纠正过来。一个人能在这个社会成功，是纠错的能力比别人强，没有什么先知先觉。犯一次错，下回知道了，知道纠回来，不会再犯这个错误。"看似简单的话，不免令人醍醐灌顶，引人幡然醒悟。古往今来，循着"错误"的时间线，有"孟母三迁"的教子之道，有"浪子回头金不换"的励志图强，有"负荆请罪"的和睦佳话，有"周处除三害"的历史典故。从古人"迷途知返"的事迹中，我们可以领略到纠错能力对人的改造之功和重大影响。

◇纠错能力

　　当今社会，越来越多的人在经受生活、工作、事业、爱情、婚姻、友情等众多方面的错误与困惑，或陷入迷茫，或自暴自弃，或痛不欲生……《纠错能力》一书的出版，无疑能给迷茫中的人们一抹光亮。本书围绕自我纠错能力，从及时止损、说话、处世、做事、贪欲、情绪和面对失败的心态等多个主题展开，具体包含一个人的成功，源于纠错能力比别人强；及时止损，人生纠错的大智慧；会说会听不犯错，处世避免栽跟头；做人不能太执拗，做事不可太死板；贪欲是危险的诱饵，一不小心铸大错；消除不良情绪，远离自毁的倾向；失败不是必然，成功也不是偶然等七个篇章，是一本为人指点迷津、挣脱错误困境的实用书籍。

　　此书在诸多方面颇具亮点：内容上，与现实生活更贴近，聚焦的错误更为常见，涵盖人生的众多方面，做到了丰富全面、精益求精；在叙述上，章节文意层层递进，语言通俗简洁，重点突出，娓娓道来；在案例上，书中遴选了古今中外的经典事例，具有很强的故事性和说服力，为阅读锦上添花。务实的内容、真情的讲述、全新的阅读体验，满足了广大读者解困释惑的现实需求。

　　纠错能力是人与人拉开距离的重要原因，也是一个人及时止损、扭转困局的关键所在。在人生的路上，我们只有跌倒了再爬起来，犯了错就努力纠正，才能拔出生命中的困顿和障碍，以全新的形象冲刺人生更高的峰巅。

目录

第一章 一个人的成功，源于纠错能力比别人强
纠错才能重塑自我，让你的人生大不同

第一节 人生最重要的能力——纠正错误的能力 1
出错不可避免，纠错才是关键 1
要有"经一事、长一智"的思维 4
成长是一个不断试错、修正错误的过程 6
敢于道歉，才能赢得别人谅解 8
知错能改，能赢得他人尊敬 9
若敢于认错，错误也能帮到你 11
死要面子活受罪，要不得 13
接受批评，不一定是坏事 14
三省吾身，做大事者必备的奥秘 15
拥有纠错能力，人生才能走得更远 17
纠错能力拉开了人与人之间的距离 19

◇纠错能力

第二节　成功源于纠错，但不苛求完美……………… 22
　　世事本无完美，人生当有不足 ……………………… 22
　　一个人的魅力，源于真实呈现自己 ………………… 24
　　过分追求完美也是一种伤害 ………………………… 26
　　不让过去的错误，成为明天的包袱 ………………… 28
　　必要时，得让自己犯错 ……………………………… 30
　　思想成熟者，不会强迫自己做"完人" ……………… 32

第二章　及时止损，人生纠错的大智慧
防止一错再错的阀门，就是懂得及时止损

第一节　比坚持更难的，是懂得及时止损……………… 34
　　鳄鱼法则：及时止损比坚持更有意义 ……………… 34
　　及时止损，不让自己成为"破窗" …………………… 36
　　担心损失的人，往往损失更大 ……………………… 37
　　为了芝麻丢西瓜，要不得 …………………………… 40
　　懂得及时止损的人，结局不会太差 ………………… 42

第二节　面对沉没的成本，如何做到及时止损……… 44
　　别为打翻的牛奶哭泣 ………………………………… 44
　　感情受挫时，不必太强求 …………………………… 46
　　投资失败时，要能够及时止损 ……………………… 48
　　不为利益所惑，不为虚名所累 ……………………… 50
　　不因琐事而烦恼 ……………………………………… 54
　　暂时妥协也是一种止损 ……………………………… 55

· 2 ·

避免让仇恨伤害自己 …………………………………… 57

撒手悬崖，才能全身而退 ………………………………… 59

第三章　会说会听不犯错，处世避免栽跟头
谨言慎行没有错，三思而行不惹祸

第一节　管住嘴，不在说话上惹是非……………………… 61
办事有尺度，说话讲分寸 ………………………………… 61

话多不如话少，话少不如话好 …………………………… 63

出门要看天气，说话要看场合 …………………………… 65

实话要巧说，坏话要好说 ………………………………… 68

忠言不一定要逆耳 ………………………………………… 71

适度玩笑，切莫过了火 …………………………………… 72

打人莫打脸，揭人莫揭短 ………………………………… 74

绕个圈子再说"不" ……………………………………… 77

藏不住事，难成大事 ……………………………………… 79

慎言慎行，不做是非的制造者 …………………………… 81

第二节　会听会辨，不要耳根子软……………………… 82
会说的，不如会听的 ……………………………………… 82

信言不美，美言不信 ……………………………………… 85

奉承你是害你，指教你是爱你 …………………………… 87

巧言令色多陷阱 …………………………………………… 89

轻信他人，受害的往往是自己 …………………………… 91

要给别人说话的机会 ……………………………………… 93

◇纠错能力

学会在沉默中察言观色 …………………………… 95
谣言总是止于智者 ………………………………… 97
盲从是思维懒汉的"专利" ………………………… 99
会思辨,避免被"极端"同化 …………………… 101

第四章　做人不能太执拗,做事不可太死板
太固执难以成事,"一根筋"易铸大错

第一节　迟干不如早干,蛮干不如巧干…………… 104
有一种错误叫固执 ………………………………… 104
没有笨死的牛,只有愚死的汉 …………………… 106
三分苦干,七分巧干 ……………………………… 108
牛角尖里不会有出路 ……………………………… 111
量力而行,匹夫之勇不可逞 ……………………… 114
变化的世界,需要灵活的头脑 …………………… 115

第二节　遇到问题不可怕,变通学问大…………… 118
要摆脱"拘泥"的思想 …………………………… 118
勇于尝试,打破思维定式 ………………………… 120
"约拿情结"一定要克服 ………………………… 123
做不到的,那就先后退 …………………………… 125
见机行事,人生不易碰壁 ………………………… 127
遇到困境,绕着走会更有效 ……………………… 129
不一定非要按常理出牌 …………………………… 131
懂得变通退避,才能趋福避祸 …………………… 133

以变制变，思路决定出路 ·· 135
反方向游泳的鱼也能成功 ······································ 137

第五章　贪欲是危险的诱饵，一不小心铸大错

贪欲包藏潜在错念，处理不好灾祸及身

第一节　祸莫大于贪念，咎莫大于欲得·················· 141
过多的欲望，让你的人生烦恼不安 ·················· 141
贪欲如沟壑，生活负累多 ······························ 143
贪财无度，容易自寻绝路 ······························ 145
过重的名誉会压断你的翅膀 ··························· 147
最长久的名声也是短暂的 ······························ 149
过多的贪念会蒙蔽你的幸福 ··························· 150
贪欲的背后，往往蛰伏着祸端 ························ 153

第二节　纠正贪欲之过，懂得及时避祸·················· 155
可以有欲望，但不可有贪欲 ··························· 155
学会约束不合理的欲望 ································· 158
做金钱的主人，不做金钱的奴隶 ····················· 160
莫为名利诱，量力缓缓行 ······························ 163
放弃生活中的"第四个面包" ························· 164
舍一分利心，得一份简约 ······························ 166
知足，可以止住人生的各种贪念 ····················· 169
贪欲有毒，放下是唯一的解药 ························ 170

◇纠错能力

第六章　消除不良情绪，远离自毁的倾向
小心错误认知，警惕失控情绪

第一节 和坏情绪较劲，等同于精神内耗 ·············· 173
不良情绪是随时点燃的导火线 ·············· 173
恐惧是摧毁你的敌人 ·············· 175
冲动有时是"魔鬼" ·············· 177
暴躁是不幸的导火索 ·············· 179
自卑，无形的自我绑缚 ·············· 182
抱怨只会让事情更糟 ·············· 184
疑心太重，实则自寻烦恼 ·············· 187
与坏情绪较劲，就是与自己较劲 ·············· 189
走出情绪死角，才能远离精神内耗 ·············· 190

第二节　赶走错误的坏情绪，才能迎来开挂的人生 ·············· 192
诚实面对情绪，正视自己的不安 ·············· 192
让理智代替易怒 ·············· 194
平息内心的冲动火苗 ·············· 196
不要让嫉妒心毁了自己 ·············· 197
用行动为抱怨画上句号 ·············· 200
跳出自我怀疑的怪圈 ·············· 202
走出心灵牢狱，做自己情绪的主人 ·············· 204
用乐观的态度自救，生活处处充满生机 ·············· 207

第七章　失败不是必然，成功也不是偶然

失败不可怕，可怕的是面对失败的错误心态

第一节　心态的错位，会导致很多失败 209

每一条成功之路都会有挫折 209

失败往往源于半途而废 211

借口是失败的温床 213

灰心丧气，往往百事不利 215

自以为是，就什么也不是 218

放任陋习，容易丧失机会 220

放弃忠诚，就等于放弃成功 223

大胆些，从失败的阴影里走出来 225

第二节　纠正自我，从失败中挖掘成功 227

面对失败，不妨换个角度思考 227

不要怕，用坚强去战胜挫折 229

信心面前，困难也会溃退 231

当断则断，不受其乱 233

积攒经验，就是在积攒未来 235

心思缜密，莫为后路留隐患 238

敢于"秀"出自己，才有翻盘的机会 240

第一章
一个人的成功，源于纠错能力比别人强

纠错才能重塑自我，让你的人生大不同

第一节　人生最重要的能力——纠正错误的能力

出错不可避免，纠错才是关键

人生于世，每个人都会犯错，无论是有心还是无心。法国作家雨果在《悲惨世界》中说："尽量少犯错误，这是人的准则；不犯错误，那是天使的梦想。错误就像地心具有吸引力，尘世的一切都免不了犯错误。"当错误发生时，是有意回避、极力隐藏，还是坦然面对、诚心悔过，无疑要人认真思考。

朝阳升起前，庙前山门外凝满露珠的春草里，跪着一个人："师父，请原谅我。"

他是某城的风流浪子。20年前他曾是庙里的小和尚，极得方丈宠爱。

方丈将毕生所学全数教授，希望他能成为出色的佛门弟子。他却在一夜间动了凡心，偷偷下了山。色彩缤纷的城市迷住了他的眼目，从此花街柳巷，他只管放浪形骸。夜夜都是春，却夜夜不是春。20年后的一个深夜，他陡然惊醒，窗外月色如洗，澄清明澈地洒在他的掌心。他忽然忏悔了，披衣而起，快马加鞭赶往寺里。

"师父，您肯饶恕我，再收我做徒弟吗？"方丈深深厌恶他的放荡，只是摇头说："不，你罪孽深重，要想佛祖饶恕，除非连桌子也会开花。"浪子失望地离开了。

第二天早上，方丈踏进佛堂的时候，被眼前的一切惊呆了：一夜间，佛桌上开满了大簇大簇的花朵，红的，白的，每一朵都芳香逼人，佛堂里一丝风也没有，那些盛开的花朵却簌簌急摇，仿佛在焦灼地召唤着谁。方丈顿时大彻大悟，他连忙下山寻找浪子，这时却已经来不及了，心灰意冷的浪子又重新堕入他过去的荒唐生活。

而佛桌上开出的那些花朵只开放了短短的一天。是夜，方丈圆寂，临终遗言："这世上，没有什么歧途不可以回头，没有什么错误不可以改正。"

人在这个世界上生活、工作，就难免会犯错，错了并没有什么，而懂得及时纠错才是关键所在。切忌自身有过，却不以为然，这样只会对自己不利，甚至一步步走向深渊而无法自拔。

古往今来，成大事者都有一个共同的优良品质：知错能改。正因为如此，他们才得以在各自人生路上获得非凡的成就。

苏东坡小时候特别聪明，从小就热爱读书。经过几年的勤奋学习，他的知识有了很大的长进。因为读书多、识字多，他在文学方面日渐显露锋芒，周围的人都对他赞不绝口，说他今后一定会成为文学奇才。

因为总是被别人夸赞，少年苏东坡逐渐骄傲起来。有一天，他心血来潮，在纸上写下了一副对联："识遍天下字，读尽人间书。"接着，他还将对联贴到门上，想让更多的人看到。不久，一个白发苍苍的老人经过他的家门口，看到这副对联，深感这位少年太傲气了。

一天，老人拿着一本书来见苏东坡，说特意前来求教问题。苏东坡拿起书翻看，对书中的字一个都不认识。苏东坡不觉难堪，一时不知道如何是好。老人又追问了几句，苏东坡顿时脸红了，开始支吾起来。最后，他只能尴尬地说："我……我不认识这些字。"老人听后，哈哈大笑，反问苏东坡，说道："苏公子，你不是'识遍天下字，读尽人间书'吗？"苏东坡一时不知如何回答。

老人走后，苏东坡提笔来到门前，在对联前各加了两个字：发奋识遍天下字，立志读尽人间书。从这之后，苏东坡认识到了自己的错误，开始发奋读书，虚心求教，最终成为北宋文学界的大家。

"人患不知其过，既知之，不能改，是无勇也。"古人的话，教导我们要有知错能改的勇气。纠错能力，是每个人都应该具备的能力，也是成功者的终极法宝。一个人，只有不掩饰缺点、不回避问

◇纠错能力

题，有缺点就改正缺点，才能避免误入歧途，规避潜在的更大错误，使得万般事情皆朝着有利于自我的方向发展。

要有"经一事、长一智"的思维

古时候，有个人养了一圈羊。一天早上，他发现少了一只羊，仔细查看一番，原来羊圈破了个窟窿，狼在夜间钻进来把羊叼走了。邻居劝他说："赶快把羊圈修一修，堵上窟窿吧！"那个人不听，回答说："羊都丢了，还修羊圈干什么？"第二天早上，他发现羊又被狼叼走了一只。此时，他后悔没听邻居的劝告，便赶快堵上了窟窿，修好了羊圈。从此，他的羊再也没有被狼叼走。

对于亡羊补牢的故事，人们耳熟能详，也明白其道理，但真正能做到经一事、长一智的人却并不多。对于自身的错误，有些人觉得没必要小题大做，有些人为了面子极力掩饰，有些人则是极力为自己辩解。殊不知，这种放任错误的态度，只会错上加错，时间长了，最后可能连补救的机会都没有了。墨菲定律告诉我们，要从失败中吸取教训。我们要想取得成功，就不能回避错误。

美国人戴维·迈利民说："我在事业上犯过很多错误，每一次的错误都是一个老师，从自己的错误和别人的错误中吸取教训，那就是精明。"

一家商贸公司的市场部经理，没经过仔细调查研究，就批复了一个员工为国外某公司生产3万台空调的报告。等产品生产出来准备报关时，公司才知道那个员工早已被"猎头"公司挖走了，那批货如果一到目的地，就会消失得无影无踪，货款自然也会打水漂。

市场部经理一时想不出补救措施，在办公室里焦虑不安。这时总经理走了进来，见他的脸色非常难看，就想问他怎么回事。还没等总经理开口，市场部经理坦诚地讲述了一切，并主动认错："这是我的失误，我一定尽最大努力挽回损失。"

市场部经理的坦诚和敢于承担责任的勇气打动了总经理，总经理答应了他的请求，并拨出一笔款让他到国外去考察一番。经过努力，市场部经理联系好了另一家客户。两个月后，这批空调被以更高的价格卖了出去。市场部经理的努力得到了回报。

松下幸之助曾说："偶尔犯了错误无可厚非，但从处理错误的方法，我们可以看清楚一个人。"老板欣赏的是那些承认错误，及时改正错误并加以补救的员工。"经一事，长一智"不是一句空洞的口号，而是要在犯了错误后，认真总结经验教训，这样才能在生活和工作中得到成长。

很多时候，反败为胜的重要条件，就是要善于从挫折或错误中总结经验教训。从普通士兵成长为元帅的莫尔特克说："我经常以极大的兴趣观察青年们的错误，青年的错误正是成长的标志。他如何看待错误？今后他又会怎样做呢？善罢甘休？还是更加奋勇前进呢？这些将决定他的生涯。"可以说，积累错误的教训，正是向成功跨出的重

◇纠错能力

要一步。

因此,我们要有"经一事,长一智"的思维。"经一事"不会自动地"长一智",关键还要看你能否变"教训"为"知识"。成功就是在错误中不断学习。

成长是一个不断试错、修正错误的过程

有这样一句话:"没有失败的人生才最失败。"不上高山不显平地,不经大海不懂宽阔。人生需要许多试错的机会,需要亲自尝过才知酸甜苦辣,人有了经历才会长阅历,有了阅历才会逐渐成熟自如。人在成长的路上,其实就是一个不断试错、修正错误的过程。

在新泽西州市郊一个古老的小镇上有一所小学,在学校教学楼的最里面有一间光线昏暗的教室,有26个孩子被编在同一个班。这26个孩子都有过不光彩的历史:有人进过管教所、吸过毒,甚至有一个女孩子在一年里堕胎3次。家长们对他们束手无策,老师和学校也几乎对他们失去了信心。

这个时候,一个叫腓娜的女教师被安排担任这个班的辅导老师。新学期开学第一天,腓娜没有像以前的老师那样,先对这些孩子训斥一顿,给他们来个下马威,而是给孩子们出了一道题。

有这样3个候选人,他们分别是:

A 迷信巫医,有两个情妇,嗜酒如命,有多年的吸烟史。

B 曾经两次从办公室被赶出来,每天要睡到吃午饭时才起床,每天晚上都要喝许多白兰地,而且曾经吸食过鸦片。

C 曾获国家授予的"战斗英雄"称号，有良好的素食习惯，有艺术天赋，偶尔喝点酒，青年时代从没做过违法的事。

腓娜给大家的问题是："倘若我告诉你们，在上面这3人中间，有一位会成为名垂青史的伟人，你们认为最可能是谁？猜想一下，这3个人将来可能会有怎样的命运？"

对于第一个问题，可以想象，孩子们一致把票投给了C；第二个问题，大家也几乎一致认为，A和B将来肯定不会有好的结局，要么成为人人唾弃的罪犯，要么成为需要社会照顾的寄生虫，而C必定是一个品德高尚的人，肯定会成为伟大的人物。

然而，答案大大出乎孩子们的意料。"你们的结论也许符合一般的判断，"她说，"但实际上，你们都错了。这3个人大家都不陌生，他们是二战时期三个大名鼎鼎的人物——A是富兰克林·罗斯福，他身残志坚，是美国历史上唯一一位连任四届总统的伟大人物；B是温斯顿·丘吉尔，拯救了英国的著名首相；C的名字同学们也很熟悉，他是阿道夫·希特勒，一个夺去了几千万无辜生命的法西斯头目。"孩子们都听得目瞪口呆，简直不敢相信自己的耳朵。

"孩子们，"腓娜继续说，"你们的人生才刚刚迈出第一步，过去的错误和耻辱只能说明过去，真正能代表人一生的是现在和将来的作为。没有人是完人，连伟人也会犯错。走出旧日的阴影吧，从今天开始，努力做自己最想做的事情，你们都将成为人人景仰的杰出人才。"

最终，这26个孩子的命运得以改变。

◇纠错能力

人总是在不断犯错的过程中长大，千万别拿过去的错误惩罚自己，进而错过了新的发展机会。你要做的是把自己的生活从命运手中抢回来，由自己来掌控。过去只是未来的积淀，不要再陷在过去的泥潭中无法自拔。机会永远在前方为你驻足，你需要做的只是勇敢前行。

敢于道歉，才能赢得别人谅解

道歉其实并不算什么，有时候，只是一句简单的对不起，有时候只是简单的几个形体动作，却可以化解一场纷争，或暴力和灾难。但是在有些人的眼里，好像谁先道歉谁就窝囊了，甚至是丢人了，其实道歉并非耻辱，而是考量一个人的素质和真挚诚恳的表现。

每个人原本就是很在乎面子的，而道歉会让被我们失礼的一方觉得受到了尊重，于是原本心中的怒气，也会因为我们的诚恳而烟消云散。

李教授要去南方开一个学术研讨会。他刚下飞机，正准备给负责接待他的人打电话时，两位小姑娘由于走得太急，其中一位不小心踩到了李教授的脚。小姑娘穿着细跟高跟鞋，这一脚踩下去，李教授"哎哟"一声，疼得蹲下了身，纵使修养再好，痛到这样的程度，嘴上免不了抱怨一番。

这时，另一个小姑娘开始嘴巴不饶人了，说："一个大男人，不小心被踩下脚，还唧唧歪歪的，不会是想讹人吧？"李教授气得血气上涌，站起身想要理论。

这时，踩人的小姑娘马上蹲下身，焦急地说："对不起，实在是对不起，您看我走得实在太急，都不瞧路了。咱们现在就去医院看看吧，医药费我来掏。您看行吗？"

听到这些话，李教授顿时怒气全消，觉得小姑娘年纪轻轻，倒也挺懂事的，自己一个大老爷们儿跟她较真，实在没必要。于是，李教授挺了挺腰板，说："我没事儿，你走吧。"

很多人在做错事后，会搬出很多理由试图保护自己。殊不知，这样做反而将造成反效果。最应该做的是"自己先认错"，唯有自己勇于认错，才能让对方以"人非圣贤，孰能无过"的宽大态度给予谅解。所以，一般情况下，说句"对不起"，很多事情就可以顺利解决，矛盾也可以轻松化解。

当然，如果光是嘴巴道歉，态度草率轻浮，也会立即引起对方反感，反而把事情扩大化。因为对方在意的往往是我们的态度，而不是言辞。总之，犯错不可避免，但我们可以把由此带来的负面影响降至最小。此时，若能及时、坦诚地向对方说一句"对不起"，自然就消除了一些不必要的麻烦。

知错能改，能赢得他人尊敬

"浪子回头金不换。"一个人曾经犯下了过错，但是他愿意改过重新做人，这是最为难能可贵的品质，也是令人称赞的。古往今来，许多名人也都犯过错，但是他们能幡然醒悟，及时纠正，他们没有因此受到嘲笑，反而赢得人们的尊敬。

◇纠错能力

　　沈从文是我国现代著名作家，他出生在湖南省凤凰县的一个农户家庭。小时候，沈从文特别喜欢看木偶戏，常常因为看戏入迷而耽误了读书。

　　有一天上午，沈从文从课堂里偷偷地溜出来，一个人跑到村子里去看戏，那天木偶戏演的是"孙悟空过火焰山"。沈从文看得眉飞色舞，捧腹大笑。一直看到太阳落山，他才恋恋不舍地回到学校。这时，同学们都已放学回家了。

　　第二天，沈从文刚进校门，班主任就严厉地责问他为什么旷课，他红着脸，支支吾吾地答不上来。班主任气得罚他站在树下，并大声训斥道："你看，这楠木树天天往上长，而你却偏偏不思上进，甘愿做一个没出息的矮子。"

　　第三天，班主任又把沈从文叫去，对他说："大家都在用功读书，而你却偷偷溜去看戏。昨天我虽然羞辱了你，可这也是为了你好。一个人只有尊重自己，才能得到别人的尊重。"

　　班主任的一番话，使沈从文感动得流下了眼泪。从此，沈从文一直严格要求自己，长大后成了著名的作家。

　　在与人相处中，错了就要敢于承担，承认错误也不意味着懦弱，而是一种高贵的品德，也是一种在社会上行走的技能。唯有坦诚面对己过，才能获得别人的信赖和原谅，才能赢得他人的尊重。

　　懂得纠错是对自己过失行为的积极修正，所以是值得赞扬的事情；懂得纠错也是从古至今人们都很看重的一种为人品质，它是自省和修身的重要方面。只有及时纠正错误才能不断地修正自己的言行，完善自己的礼貌修养，才能在人生的道路上走得更顺更远。

若敢于认错，错误也能帮到你

无论我们是愿意还是不愿意，每个人在一生中都会或多或少、或轻或重地做错事。但是当错误出现，很多人对待错误的态度却出现了偏颇。他们把承认错误看作是失败，看作是很丢脸面的事情。因而他们自然不愿面对和承认错误。其实，这样的做法无疑是胆怯和懦弱的表现，也可能由此失去很多好的机会。

我们若能把错误当成人生必修的课程，就会发现大多数的错误都会带来一些意想不到的经验教训，以及这些教训所能提供给我们的机会。

卡耐基说："若能敢于承认错误，那么即便是错误也能帮到你，因为承认错误不仅能增加人们对你的尊敬，并且将因此增加你的自信。"

程颐是北宋时期的一介名流，他和范仲淹的二儿子范纯仁平日来往得很亲密。那时候的范纯仁是北宋的大臣。

有一天，程颐去已经卸任的范纯仁家做客，两个人谈起往事，范纯仁对自己做官时的岁月很是留恋。程颐当时有点不以为然，直言不讳地说："我觉得你当年做过的事，有很多都是败笔，难道你不这么认为吗？"范纯仁当时有点不解，于是程颐就把自己认为范纯仁做得不对的地方一一地讲了出来，范纯仁听了点头称是，也没有辩解什么。

◇纠错能力

　　时隔不久，皇帝召见程颐，听了程颐的一些见解后，夸奖他说："你简直有当年范纯仁的谋略啊。"程颐心里不太高兴，在他的内心深处，他觉得范纯仁有太多地方做得不好。于是他对皇帝说："我是敢为黎民请命说话的人，范纯仁在这点好像做得不够吧？"皇帝一笑说："我这里的奏折大部分都是范纯仁当年的进言。"程颐打开一看，原来，自己那天在范纯仁家对其指责的那些事，范纯仁早就已经启奏了皇帝，只不过有很多还没来得及实施而已，程颐为此相当羞愧。下朝后，程颐专程来到范纯仁家里，为自己当初所说的话认错道歉。

　　一个人一生的福祸安康，其实和他是否能够真诚悔过有很大的关系。程颐为什么会在心直口快的处境下，仍然还能有那么多真心朋友，这和他敢于认错有很大的关系。古往今来，无论是一个国家还是个人，成败往往都在肯不肯认错的瞬间。

　　当年的富兰克林因为个子高，而把自己的头磕在了门框上，一位智者就曾经提醒过他"一个人活在世上，就得时刻记着低头"。这句话也在提醒我们，在生活中，要有勇气时刻低头，勇于认错。

　　也许我们不想低头承认错误是怕暴露了自己的缺点，但是一旦我们真正低下头来，审视自己的不足，就会发觉，我们的错误和勇于承认错误相比较是那么的微不足道。正因为肯低下头用勇敢的心去接纳自己的不足，我们才会从中汲取经验。正是这些经验的累积，才使得我们在通往成功的路上受益更多。

死要面子活受罪，要不得

孔子说："过而不改，斯谓过矣。"意思是说：犯了一回错不算什么，错了不知悔改，才算真的错了。

其实，如果能坦诚面对自己的弱点和错误，再拿出足够的勇气去承认它、面对它，不仅能弥补其所带来的不良后果，在今后的工作中更加谨慎小心，而且能加深领导和同事对你的良好印象，从而很痛快地原谅你的错误。这不但不是"失面"，反是最大的"得面"。

事实上，一个有勇气承认自己错误的人，他也可以获得某种程度的满足感，这不仅可以消除罪恶感和自我保护，而且有助于解决犯错所制造的问题，让他人对你有一种诚信可靠的感觉。

如何才能在错误面前赢得颜面呢？那么，请接受以下这些建议：

假若你必须向别人交代，与其替自己找借口逃避责难，不如勇于认错，在别人没有机会把你的错到处宣扬之前，对自己的行为负起一切的责任。

如果你在工作上出错，要立即向领导汇报自己的失误，这样可能会受到批评。可是上司的心中却会认为你是一个诚实的人，将来也许对你更加倚重，你所得到的可能比失去的多。

如果你所犯的错误可能会影响到其他同事的工作成绩或进度时，无论同事是否已发现这些不利影响，都要赶在同事找你"兴师问罪"之前主动向他道歉、解释。千万不要企图自我辩护、推卸责任，否则只会火上浇油，令对方更感愤怒。

每个人都会犯错误，尤其是当你精神不佳、工作过重、承受太沉

◇纠错能力

重的生活压力时。偶尔不小心犯错是很普通的事情，关键是犯错后要用正确的态度对待它。犯错误不算什么罪大难饶的事，"有则改之，无则加勉"，只有放下了面子，不再固守所谓的自尊，人才能坦诚地面对自己、面对别人。

喜欢听赞美是每个人的天性。忠言往往逆耳，当有人对着自己狠狠数落一番，指出不足和缺点时，不管那些批评如何正确，大多数人为了一时的颜面都会感到不舒服，有些人更会拂袖而去，常常令提意见的人尴尬万分。

面对自身问题，很多人往往选择要面子，而羞于改错。导致的结果，必然是以后就算你犯更大的错误，相信也没有人敢劝告你了，其实这是你做人的一大损失。

接受批评，不一定是坏事

乔治在纽约郊外著名的卡瑞月湖度假村工作。

一个周末，乔治正忙碌不堪时，服务生端着一个盘子走进厨房对他说，有位客人点了这道"油炸马铃薯"，他抱怨切得太厚。

乔治看了一下盘子，跟以往的油炸马铃薯并没有什么不同，但他却按客人的要求将马铃薯切薄些，重做了一份请服务生送去。

几分钟后，服务生端着盘子气呼呼回到厨房，对乔治说："我想那位挑剔的客人一定是生意上遭遇困难，然后将气借着马铃薯发泄在我身上，他对我发了顿牢骚，还是嫌切得太厚。"

乔治在忙碌的厨房中也很生气，从没见过这样的客人！但他还是忍住气，静下心来，耐着性子将马铃薯切成更薄的片状，之后放入油锅中炸成诱人的金黄色，捞起放入盘子后，又在上面撒了些盐，然后第三次请服务生送过去。

不一会儿，服务生又端着盘子走进厨房，但这回盘子里空无一物。服务生对乔治说："客人满意极了。餐厅的其他客人也都赞不绝口，他们要再来几份。"

这道薄薄的油炸马铃薯从此成了乔治的招牌菜，并发展成各种口味，今天已经是地球上不分地域、人种都喜爱的休闲食品。

乔治的成功，关键在于他在面对别人提出的问题时，不是满腹牢骚，抱怨别人，而是能忍住怨气做好自己的工作，让顾客满意。一次一次地改进，不仅满足了顾客，同时也成就了乔治的事业。

成功的人，所具备的素质就是当有人对自己提出改正和不满时，不是极力为自己辩解或者表达愤怒，而是积极努力地完善自己。

三省吾身，做大事者必备的奥秘

自省，就是自我反省、自我检查，自知己短，从而弥补短处、纠正过失。生活中，当我们面对不足时，除了虚心接受他人意见之外，还要不忘时时观照己身，善于从失误中进行反省。

春秋时期，鲁国公曾问颜回："我听你的老师孔子说，同一类错误，你绝不犯第二回。这是真的吗？"

◇纠错能力

颜回说:"这是我一生都在努力做到的。"

鲁国公又问:"这是很难的事情啊!你是怎么做到的呢?"

颜回说:"要想做到这一点并不难。我时常反省自己,看看自己哪些是做对的,哪些是做错的;做对了的就坚持下去,做错了的就引以为戒。这样坚持久了,就能做到无二过了。"

鲁国公听后,赞叹地说:"经常反省,从无二过,这可以说是圣人了。"

从来不犯错误的人是没有的,过去犯过的错误,不犯第二次的人也是不多见的。暂且不论颜回是不是重复犯过相同的错误,就是这种经常自我反省的精神也是十分可贵的。

反省是一面镜子,能将我们的过错清清楚楚地照出来,使我们有改正的机会。我们都应该具备知错反省的勇气,坦然地反省今日的是与非。

一个善于反省的人往往能及时发现自己的问题,也明白老老实实认错是最明智的做法,而不是想方设法找理由为自己辩护。借口不过是一个人做错事的挡箭牌,是敷衍别人、原谅自己的护身符,是掩饰缺点、逃避责任的"百验灵丹"。而这些,只会让一个人越来越糊涂,以至于不知不觉在泥潭中越陷越深。

相反,一个善于自我反省的人,往往能够发现自己的优点和缺点,并能够扬长避短,发挥自己最大的潜能。所以,一个明智的人,自然懂得"吾日三省吾身"的重要性。

夏朝时期，一个背叛的诸侯有扈氏带兵入侵，夏禹派儿子伯启去抵抗，结果伯启失败了。

伯启的部下很不服气，要求继续攻打，但是伯启说："不必了，我的兵比他多，领地也比他大，却被他打败了，这一定是我的德行不如他，带兵方法不如他的原因。从今天起，我一定要努力改正才是。"

从那以后，伯启每天很早就起床工作，粗茶淡饭，解决百姓的困难，任用有才干的人，尊敬有品德有能力的人。过了一年，有扈氏知道了伯启这样的德行，不但不敢再来侵犯，反而主动投降了。

伯启把自己放在一个平凡的位置上，不断地反省自己，以改变自己为关键，最终得到了天下人的认可。

布朗宁说："能够反躬自省的人，一定不是庸俗的人。"一个明智的人，会把自省当做观照自身的镜子，衣冠不整时要在镜子前整理仪容，愁眉紧锁时要在镜前调整心情。接受别人的指正，改正自己的过失，便能够如无瑕的白璧一般，获得高洁的人格。历史上，无数成大事者都是注重错误并反省自己，在不断修正自我的过程中成就一番大事业的，这也是成大事者必备的秘密武器。

拥有纠错能力，人生才能走得更远

鲍伯·胡佛是一位经验丰富、技术高超的飞行员。有一次，他接受命令参加飞行表演，完成任务后他飞回机场，飞机的两个

◇纠错能力

引擎同时失灵。凭着多年的经验，他临危不惧，果断、沉着地采取了应对措施，奇迹般地把飞机停降到飞机场。

飞机降落后，安全人员检查飞机出事的原因是油用错了，他驾驶的是螺旋桨飞机，用的却是喷气机用油。

此时，负责加油的机械工吓得面如土色，痛哭不已。这位机械工一时的疏忽，险些造成飞机失事和飞行员的死亡。面对自己的重大错误，机械工自责不已，他真诚地向胡佛表达了自己的道歉和忏悔。胡佛并没有对他大发雷霆，而是选择原谅了他，并继续让他做飞机的维修工作。

自此以后，这位机械工一直跟随胡佛，负责他的飞机维修，而且再也没有出现过任何差错。他陪胡佛走过了漫长的飞行生涯，自己也逐渐步入了事业的高峰。

当我们遇到失误时，首先要驱除怕的心理，学会承担责任并真诚纠错，如此才能逐渐完善自我，获得自我完善的机会。

有这样一个故事。

一位英语专业毕业的大学生认为自己的英语很流利，就寄了多份英文简历到各个外企应聘。不久，他收到了很多回信，但结果并不尽如人意，许多公司说现在不需要他这样的人才。其中一家公司给他的回信是这样的："我们公司不缺人。然而，就算我们缺人，也不考虑用你这样的人，因为你太过自以为是，认为自己的英文水平很高，单从你的来信看，实际并非如此。你的文章不仅写得很差，而且还错误百出。"可以想象这个大学毕业生在读到这封信的时候是怎样的愤怒。他想，不用就罢了，何必把话说得那么难听呢？他甚至打算写一封狠一点的回信，质问对方公司的态度。

但当他平静下来后，转念想了一想："对方可能说得对，也有可能自己犯了英文写作的错误还不知道。"后来他又写了一封信给那家公司，向对方表示谢意，感谢那家公司纠正自己的错误，还表示会努力改进自己的不足。几天以后，这个年轻的毕业生意外地收到了那家公司的信函，告诉他被聘用了。

这个故事告诉我们，碰到愿意真诚批评我们缺点的人，首先心中要有感恩之心。感谢人家愿意发自内心指出我们的错误，同时真诚地改正自己的缺点。只有这样，我们才能跳出"当局者迷"的怪圈，让自身的能力有进一步的提高，使得自己的羽翼得以日渐丰满。如果只是针锋相对，刚愎自用，只会不断放大自己的缺点。

一个真正有修为、有才华的人，总是用一颗审视的心看待自己，能时刻察觉到自己的错误和不足，能不断移除人生路上的障碍和潜在风险，从而在持续修正自己的过程中获得更大的机遇和成就。

纠错能力拉开了人与人之间的距离

在漫长的人生路上，期望自己事业成功，仅从书本上学到的智慧是远远不够的，还必须具备社会生活的智慧。这就是能让自己不断减少错误、少犯错误的纠错能力。纠错能力能成就一个人的梦想，也能

◇纠错能力

拉开人与人之间的距离。

  物理学家爱因斯坦被带到普林斯顿高级研究所办公室的那天，管理人员问他需要什么用具。

  爱因斯坦回答说："我看，一张桌子或台子，一把椅子和一些纸张钢笔就行了。啊，对了，还要一个大废纸篓。"

  管理人员问："为什么要大的？"

  "好让我把所有的错误都扔进去。"爱因斯坦答道。

  爱因斯坦的故事意在说明，追求卓越的过程，其实就是不断丢弃错误的过程。丢弃错误，我们才会看到一条向上的路。很多时候，错误本身是具有可以借鉴的价值的，甚至会成为一个人不断取得进步的重要跳板。会自我纠错的人，不仅能纠错趋利，也会赢得他人的尊重和信任，获得他人的鼎力支持。

  曹操是三国时期著名的政治家、军事家。有一次，曹操率领大军去打仗，正是麦苗黄熟、秋收之季。老百姓害怕军队，都躲到了村外，没有人敢收割麦子。

  曹操听说后，立即派人告诉老百姓说：这次出兵是奉圣上旨意，讨伐逆贼为民除害的，不会伤害百姓。他叫百姓安心回家收麦子，并立下军令，如果军队中有践踏麦田的人，立即斩首。

  老百姓开始并不相信，依然躲在村外，不敢回家割麦。

  曹操的军队在经过麦田时，都用手扶着麦秆，小心翼翼地走过麦田，一个挨着一个，没人敢践踏麦子。老百姓在暗处看见了，这才相信了曹操，便都回家收割麦子了。

曹操骑马缓慢地向前走着，忽然，一群鸟儿从旁边掠过，曹操的马受到了惊吓，一下子蹿到了麦田里，踏坏了一片麦子。曹操立即叫来其他将军，要求用军法处置自己。将军们说："丞相只弄坏了这点儿麦子，就不用治罪了。"曹操说："是我立下的军令，现在自己却办不到，又怎么去约束士兵呢？不讲信用，又有什么资格统领军队呢？"说着，就抽出佩剑要自刎，随从赶紧拦住。

这时，大臣郭嘉走上前说："古书上说，法不加于尊。丞相现在统领大军，身上背负着很大的责任，现在怎么能没有您呢？"

曹操沉思一会儿说："既然'法不加于尊'，我又有重要任务在身，那就暂且免去一死。但是，的确犯了错误，必须受到惩罚。"于是，他用剑割断了自己的一缕头发。

曹操派人传令说："丞相践踏麦田，按军令应该斩首示众，但由于肩负重任，所以割掉头发替罪。"

曹操位高权重，能够割发代首，严厉军纪，身体力行，得到了士兵和百姓们的拥护。

而与此相反，同一时期称雄冀北的袁绍，因不听从谋士田丰劝阻，贸然发动官渡之战，结果惨败。袁绍对此不但不承认错误，反而将田丰杀了。他固执地坚持己见，加上心胸狭隘，听信谗言，使得士

◇纠错能力

气涣散，终被曹操所灭。随着越来越多的谋臣将士归顺于曹操，曹操最终统一了北方，成为称雄一方的枭雄。

错误本身并不可怕，可怕的是错得没有价值，甚至适得其反，使事情越发糟糕。一个人犯了错，如果他能总结失败的教训，知道自己因何失败，并不再犯更大的或者致命的错误，则错误对他来说比成功的经验还重要。这也是拉开人与人之间差距的重要原因。

有人说："困顿的思维，就是牢狱；改错，就是思维的越狱。"所以，无论在任何时候，我们都要正视自身问题，及时改正不足，这也是挣脱错误泥潭、走向成功的明智之举。

第二节　成功源于纠错，但不苛求完美

世事本无完美，人生当有不足

"金无足赤，人无完人。"即使是全世界最出色的足球选手，10次传球，也有4次失误；最棒的股票投资专家，也有马失前蹄的时候。我们每个人都不是完人，都有可能存在这样或那样的过失，谁能保证自己的一生不犯错误呢？也许只是程度不同罢了。如果你不断追求完美，对自己做错或没有达到完美标准的事深深自责，那么一辈子都会背着罪恶感生活。

过分苛求完美的人常常伴随着莫大的焦虑、沮丧和压抑。事情刚开始，他们就担心犯错，生怕干得不够漂亮而不安，这就妨碍了他们全力以赴地去获取成功。而一旦遭遇错误，他们就会异常灰心，想尽快从错误的境遇中逃离。他们没有从错误中获取任何教训，而只是想

方设法让自己避免尴尬的场面。

很显然,背负着如此沉重的精神包袱,不用说在事业上谋求成功,在自尊心、家庭问题、人际关系等方面,也不可能取得满意的结果。他们抱着一种不正确和不合逻辑的态度对待生活和工作,永远无法让自己满足。

日本有一名僧人叫奕堂,他曾在香积寺风外和尚门下担任典座一职(即负责斋堂)。有一天,寺里有法事,由于情况特殊必须提早进食。乱了手脚的奕堂匆匆忙忙地把白萝卜、胡萝卜、青菜随便洗一洗,切成大块就放到锅里煮。他完全没发现青菜里居然有条小蛇,菜煮好后他就盛到碗里直接端出来给客人吃。

客人丝毫没有发觉。当法事结束,客人回去后,风外把奕堂叫去,风外用筷子把碗中的东西挑起来问他:"这是什么?"奕堂仔细一看,原来是蛇头。他心想这下完了,不过还是若无其事地回答:"那是个胡萝卜的蒂头。"奕堂说完,就把蛇头拿过来,咕噜一声吞下去了。风外对此佩服不已。

智者即是如此,犯了错误,不会一味地自责、内疚或寻找借口,而是采取适度的方式正确对待。

张爱玲在她的小说《红玫瑰与白玫瑰》中写了男主角佟振保的爱恋,同时也一针见血地道破了男人的心理以及完美之梦的破灭:白玫瑰有如圣洁的恋人,红玫瑰则是热烈的情人。娶了白玫瑰,久而久之,变成了胸口的一粒白米饭,而红玫瑰则有如胸口的朱砂痣;娶了

◇纠错能力

红玫瑰,年复一年,则变成蚊帐上的一抹蚊子血,而白玫瑰则仿佛是床前明月光。

事实上,世界上根本就没有真正的"最大、最美",人们要学会不对自己、他人苛求完美,对自己宽容一些。如果因为一点小错,而一直耿耿于怀,就会浪费掉许多的时间和精力,最终只能在光阴蹉跎中悔恨。

世界并不完美,人生当有不足。对于每个人来说,不足是难免的,无须怨天尤人。不要再继续偏执了,给自己的心留一条退路,不要因为不完美而恨自己,不要因为自己的一时之错而埋怨自己。看看身边的朋友,他们没有一个是十全十美的。

完美往往只会成为人生的负担,人绷紧了完美的弦,它却可能发不出优美的声音来。那些爱自己、宽容自己的人,才是生活的智者。

一个人的魅力,源于真实呈现自己

很多人在人前竭尽全力地表现自己,但事实上,他们表现的不是真实的自己,而是他们可以呈现出来的"完美状态"。

如果你已经在人际关系上做得很多了,那么获得成功的唯一秘诀就是不要再让自己戴着假面具了,因为一个人的魅力源于真实地呈现自己,这样的人才是最受欢迎的。

美国前总统肯尼迪受到美国公众喜爱的程度,在美国历史上少见的。然而,肯尼迪并非是一个完美无缺的人。

他曾经试图在猪湾(地名)入侵古巴,结果惨败。像这样大的军事失误无论发生在怎样出色的领导人身上，普通人都会认为它肯定令领导人的形象大打折扣。令人费解的是，"猪湾惨败"非但没有降低肯尼迪的个人声誉，反而使他在公众心目中的形象更加真实、丰满，人们更加喜爱这位"也会犯错误"的总统了。

比起完美来，人们往往都更喜欢真实，真实是一种勇气，一种对于自己的接纳。

尽管人们追求完美，然而，真正面临一个完美无缺的人时却不敢相信。"人非圣贤，孰能无过？"可是从古至今，所谓"无过"的圣贤有谁曾经见过呢？大部分人都是有缺陷的，就算再竭力掩饰，大家仍然心知肚明。

社会心理学家阿龙森通过实验证明了什么样的人更受欢迎，他设计了这样的实验：在一个竞争激烈的演讲会上，有四位选手，两位才能出众，而且几乎不相上下，另两位才能平庸。才能出众的选手中有一位不小心打翻了桌上的饮料，而才能平庸的选手中也有一位打翻了饮料。

如果是你，你会喜欢哪个人呢？实验结果表明：才能出众而犯过小错误的人最受欢迎，才能平庸而犯同样错误的人最缺乏吸引力。

你的选择是否也一样呢？完美的人，或许大家都期待，但是真的出现的话，却未必是最受欢迎的。

◇纠错能力

　　这个实验其实就向人们展示了一个有力的命题：白璧微瑕比洁白无瑕更令人喜爱。小小的错误会使有才能的人的吸引力更增加一层。这就是人际交往中的"犯错误效应"。

　　从中可以看出，人们都能够接受不完美的人，又何必耿耿于怀地去掩饰自己的不够完美呢？

　　日常生活中，一个坏透的人肯定不受人欢迎，可是，一个完美的好人也常常让人难以承受。处处要求自己完美无缺的人不仅让自己步履维艰，也让周围的人"窒息"。这样的好人，总是给身边的人带来无穷的压力。

　　一个人只有充分展示出自己人格真实的一面时，才是一个活生生的人，一个闪耀着人格魅力之光的人，是可亲的人，是可以接受而不是高高在上的人。

过分追求完美也是一种伤害

　　古时候，一户人家有两个儿子。当两兄弟都成年以后，父亲把他们叫到面前说：在群山深处有绝世美玉，你们都成年了，应该做探险家，去寻求那绝世之宝，找不到就不要回来。兄弟俩次日就离家出发去了山中。

　　大哥是一个注重实际不好高骛远的人。有时候，发现的是一块有残缺的玉，或者是一块成色一般的玉，甚至那些奇异的石头，他都统统装进行囊。过了几年，到了他和弟弟约定的会合回家的时间。此时他的行囊已经满满的了，尽管没有父亲所说的绝世完美之玉，但造型各异、成色不等的众多玉石，在他看来也可以令父亲满意了。

后来弟弟来了，两手空空，一无所得。弟弟说，你这些东西都不过是一般的珍宝，不是父亲要我们找的绝世珍品，拿回去父亲也不会满意的。我不回去，父亲说过，找不到绝世珍宝就不能回家，我要继续去更远更险的山中探寻，我一定要找到绝世美玉。哥哥只能独自带着自己找到的那些东西回到了家中。父亲说，你可以开一个玉石馆或一个奇石馆，那些玉石稍一加工，都是稀世之品，那些奇石也是一笔巨大的财富。

短短几年后，哥哥的玉石馆已经享誉八方，他找到的玉石其中有一块经过加工成为不可多得的美玉，被国王御用为传国玉玺，哥哥因此也成了倾城之富。在哥哥回来的时候，父亲听了他说的弟弟探宝的经历后说，你弟弟不会回来了，他是一个不合格的探险家，他如果幸运，能中途所悟，明白至美是不存在的这个道理，是他的福气。如果他不能早悟，便只能以付出一生为代价了。

很多年后，父亲的生命走到了终点，已经奄奄一息。哥哥对父亲说要派人去寻找弟弟。父亲说，不必去找，如果经过了这么长的时间和挫折都不能顿悟，这样的人即便回来又能做成什么事情呢？

世间没有纯美的玉，没有完美的人，没有绝对的事物，为追求这种东西而耗费生命的人，是多么不值！很多人却不懂这个道理，一心只想十全十美，最终往往是两手空空。世间的许多悲剧，正是因为一

◇纠错能力

些人热衷于追求虚无缥缈的完美而酿成的。

当我们面对错误时，除了及时纠正，也要给自己一点宽容和喘息的空间，要做到尽力而为，又不脱离实际，切忌执拗而片面地追求完美。我们要避免以完美主义的眼光去观察审视自己，适当以宽容之心包容自身缺点。毕竟不完美是客观存在的，无须苛求自己。

不让过去的错误，成为明天的包袱

在生活中，有太多的人喜欢抓住自己的错误不放：没能抓住发展的机会，就一直怨恨自己的不具慧眼；因为粗心而算错了数据，就一直抱怨自己没长大脑；做错了事情伤害到了别人，会为没有及时道歉而自责很久……

花开一季，人生一世，谁都想让此生了无遗憾，谁都想让自己所做的每一件事都永远正确，从而达到自己预期的目的。可这只能是一种美好的幻想。人不可能不做错事，不可能不走弯路。做了错事，走了弯路之后，有谴责自己的情绪是很正常的，正因为有了这种"积极的谴责"，我们才会在以后的人生之路上走得更好、更稳。但是，如果只抓住后悔不放，或羞愧万分，一蹶不振；或自惭形秽，自暴自弃，这种做法就是愚人之举了。久而久之，这些所谓的错误，也会成为自己明天前行的沉重包袱。

卓根·朱达是哥本哈根大学的学生。有一年暑假，他去做导游，因为他总是乐于帮助游客，因此几个芝加哥来的游客就邀请他去华盛顿观光。

卓根抵达华盛顿以后就住进"威乐饭店",他在那里的账单已经预付过了。当他准备就寝时,才发现由于自己的粗心大意,放在口袋里的皮夹不翼而飞。他立刻跑到柜台那里找寻。

"我们会尽量想办法。"经理说。

第二天早上,仍然没找到。因为一时的粗心马虎,让自己孤零零一个人待在异国他乡,应该怎么办呢?他越想越生气,越想越懊恼,于是想到了很多办法来惩罚自己。

这样折腾了一天之后,他突然对自己说:"不行,我不能再这样一直沉浸在悔恨当中了。我要好好看看华盛顿。说不定以后我没有机会再来了,但是现在仍有宝贵的一天待在这里。好在今天晚上还有飞机到芝加哥去,一定有时间解决护照和钱的问题。"

于是他立刻动身,徒步参观了白宫和国会山,并且参观了几个博物馆,还爬到华盛顿纪念馆的顶端。

等他回到丹麦以后,这趟美国之旅最使他怀念的却是在华盛顿漫步的那一天——如果他一直抓住过去的错误不放,那么这宝贵的一天就会白白溜走。

故事中,卓根·朱达的做法无疑是聪明的。他没有为当下的错误而怨恨自己,也没有为此而郁郁不欢,抑或是中途放弃难得的旅行。

在工作和生活中,放下过去的错误,向前看,才能有更多的收获。我们一生当中会犯很多错误,如果每一次都抓住错误不放,那么我们的人生恐怕只能在懊悔中度过。很多事情,既然已经没有办法挽

◇纠错能力

回,就没有必要再惋惜悔恨了。与其在痛苦中挣扎浪费时间,还不如重新找到一个目标,再一次奋发努力。

必要时,得让自己犯错

"众人皆浊我独清"是一种非常危险的状态,没有人乐意让一个"异己"长久地立于身侧。善于处世的人,常常故意在明显的地方留一点儿瑕疵,让人一眼就看见他"连这么简单的都搞错了"。这样一来,尽管你出人头地,木秀于林,别人也不会对你敬而远之。一旦他发现"原来你也有错",反而会拉近你们之间的距离。

有时,人们要学会适当地犯一点无伤大雅的小错误,小错可以避免因你太过于完美,盖住了别人的光芒,进而引起别人的嫉妒。

在好莱坞有这样一位国际知名演员:一次,他在进影棚演出之前,一位朋友提醒他,纽扣上下扣反了。他低头看了看,连声向朋友道谢并赶紧扣好纽扣。可等他的朋友走开以后,他又把纽扣上下重新扣反。一个年轻人正好瞧见这一过程,便不解地问他是怎么回事。这名演员说他扮演的是个流浪汉,扣反纽扣正好表现出他不注重形象、对生活失去信心的一面。年轻人更是困惑地问道:"可你为什么不向朋友解释或者说这是演戏的需要呢?"

这位演员坦然地笑着说:"他提醒我是把我当做真正的朋友,是出于对我的关心。假如我一定要解释清楚,就极有可能让他认为我做任何事都是有准备的,有一定原因的。久而久之,谁还能指出我的缺点,在他们眼里,我的缺点也会被认为是个性,而恰恰这正是我要完善的地方。"

水至清则无鱼，人至察则无徒。人不是上帝，都不完美，都会犯一些错误。这位演员是聪明的，他不忌讳犯错，更在朋友面前坦露错误，因为他深知：为了不断地完善自己，必须给人以批评自己的机会。

莎士比亚说："最好的好人，都是犯过错误的过来人；一个人往往因为有一点小小的缺点，将来会变得更好。"人不犯错，本身就已经是最大的错误了。在适当的时候，犯一些无关紧要的小错误，能更好地融入人群之中。

乔波在某钢厂宣传处工作，有一天，处长突然叫他整理一个劳动模范的先进事迹。据知情人士透露，这其实是一次考试，对乔波的工作岗位有决定作用。本来对这样的材料，他并不感到为难，但有了无形的压力，便不得不格外用心。他熬了一个通宵，写好后反复推敲，又抄得工工整整，第二天一上班，就把它送到了处长的桌子上。

处长非常高兴，不但字写得遒劲、悦目，而且在内容、结构上也没有什么可挑剔的。可是，处长越往后看，笑容越收紧。末了，处长把文稿退回，让他再认真修改修改，满脸的严肃，真叫人搞不清是什么地方出了差错。乔波转身刚要迈步，处长像突然想起了什么似的说："对，对，那个'副厂长'的'副'字不能写成'付'，改过来，改过来就行了。"就这么简单。处长又恢复了先前高兴的样子，一个劲儿地夸道："速度快，不错。"考

◇纠错能力

试自然过关,还是优秀。

不要炫耀自己的聪明才智,不要轻易显得比他人强。有实力者如果太过"高尚""自敛""清正",会让领导或竞争者感觉不安。适度地"抹黑"自己,告诉他们自己只是一个再普通不过的小人物,对方自然会减少敌意。

总之,无论你有如何出众的才智或高远的志向,都要时刻谨记:心高不可气傲,不要过于追求完美,必要时让自己犯点小错,更容易被别人接纳,这样才能为自己赢得更宽松的发展空间,有助于未来的发展。

思想成熟者,不会强迫自己做"完人"

莎士比亚说:"聪明的人永远不会坐在那里为自己的损失而悲伤,却会很高兴地找出办法来弥补创伤。"

如果你做了还觉得不好,改了还觉得不快,考了99分还嫌没达到100分,刻意追求完美,这样定会"累",这种情况应该去改善。当我们面对自身错误时,又该如何要求自己呢?

实际上,思想成熟的人不会强迫自己做"完人",他们允许自己犯错误,并且能采取适度的方式正确地对待自己的错误,并反省自己犯的错误从而修正自己。

反省是一种美德。不反省就很难知道自己的缺点和过失,不悔悟就无从改进。在已经知错、决定下次不再犯的时候,就是停止后悔的最好时候。

有人一旦犯了错误，就觉得自己样样不如人，由自责产生自卑，产生自卑情绪后更容易受到打击。经不起小小的过失，受到了外界一点点轻侮或为任何一件小事，都会痛苦不已。这就是所谓的"天下本无事，庸人自扰之"。

面对这种"无事自扰"的心境，最好的方法是努力进修，勤于做事，使自己因有进步而增加自信，因工作有成绩而增加对前途的希望，不再向后做无益的回顾。

进德与修业，都能建立一个人的自信心和荣誉感。对自己偶尔的小错误、小疏忽，都无需过分苛责。

第二章
及时止损，人生纠错的大智慧

防止一错再错的阀门，就是懂得及时止损

第一节　比坚持更难的，是懂得及时止损

鳄鱼法则：及时止损比坚持更有意义

一个人如果被鳄鱼咬住了脚，如果试图用手去挣脱，鳄鱼便会同时咬住人的脚与手。人越想挣扎，被咬住的就越多。所以，面对这样的境况，唯一的办法就是牺牲一只脚来逃脱。如果这个时候瞻前顾后，鳄鱼只会进一步攻击，人也就没有了生还的可能。这就是"鳄鱼法则"。而被鳄鱼咬到后的最有效挣脱方法，就是要及时止损。

在有些事情上，你会发现坚持得越久，收获却越少。可能有些人觉得坚持住，一切都还有希望，但在实际生活中并不一定如此。在错误的道路上要懂得及时回头，及时止损，不要让损失越来越大。在某些时刻，及时止损比坚持更有意义。

一只壁虎在尽情玩耍，因为高兴，一时疏于警惕。这时，一条蛇慢慢爬过来，一口就把壁虎的尾巴咬住了。情急之下，壁虎一甩舍弃了尾巴，转身一溜烟似地逃走了。

这一惊心动魄的场面，被在高墙上织网的蜘蛛看见了，它被惊得目瞪口呆，对壁虎也很同情。

后来，蜘蛛遇见了壁虎，就问："你真是可怜，那么漂亮的尾巴没有了，你不该舍弃它呀。"

壁虎有些悲伤地说："那个危险时刻，我没有别的选择，只能舍弃尾巴，否则我一定会被蛇吃掉的。不用担心，我的尾巴过阵子会长出来的。"

这个寓言故事告诉我们，当我们面临困境时，切勿为了小的损失而苦苦坚持，那样的话结果只会更糟糕。要学会果断止损，即使一时之痛，也要顾全大局。

曾国藩幼年时家里很穷，亲戚南五舅家也不富裕，但是为了曾国藩能进京赶考，南五舅竟卖了牛资助他赶考。对此，曾国藩感激不已。曾国藩在进入官场后，始终不忘报答南五舅，对其家里很是照顾。

南五舅死后，他的儿子去找表哥曾国藩，想让帮忙谋一份差事。曾国藩知道这个表弟很不成器，但碍于舅舅的面子，只好暂且答应。过了一阵，曾国藩发现表弟不仅什么事都办不好，而且脾气很不好，人还懒惰，还借用曾国藩的名声做了些不光彩的事。

一天，在吃饭时，表弟将碗里的谷子一粒粒挑出来，丢在地上。而曾国藩吃饭时遇到没完全去掉壳的谷子，总是去掉谷壳，

◇纠错能力

再把里面的米嚼碎咽下,从没连壳带米丢掉过。

　　这件事之后,曾国藩思考良久,他觉得虽然彼此是至亲,但表弟只会给自己增添更大的烦恼和祸端。最后,曾国藩拿出一百两白银让他自谋生路去了。

很多时候,人们容易碍于情面或者基于不甘失败,而选择一再坚持,丝毫不顾忌潜在的损失,最终的结果只会是一损再损,一错再错。殊不知,自己也成了别人口中的愚者。

　　人生总要经历坎坷和失败,在有些事情上犯了错误,这是无法避免的。但务必记住,莫要因为无效的坚持而不断走向深渊。这时候,要敢于拿出壮士断腕的魄力,和过去告别,才不至于把自己的将来也赔进去。

及时止损,不让自己成为"破窗"

　　人要准确地把握自己的人生行程,无论何时,都要记住及时止损,千万不要让自己成为一扇"破窗",否则,最先被淘汰出局的就是你。

　　美国斯坦福大学心理学家詹巴斗曾做过一项这样的实验:他找来两辆一模一样的汽车,一辆停在比较杂乱的街区,一辆停在中产阶级社区。他把停在杂乱街区的那辆车的车牌摘掉,顶棚打开,结果一天之内就被人偷走了;而停在中产阶级社区的那一辆过了一个星期仍安然无恙。后来,詹巴斗用锤子把这辆车的玻璃敲了个大洞，结果，仅仅过了几个小时，它就不见了。

以这项试验为基础，政治学家威尔逊和犯罪学家凯琳提出了破窗理论：如果有人打破了一个建筑物的窗户玻璃，而这扇窗户又得不到及时的维修，别人就可能受到某些暗示性的纵容去打烂更多的窗户玻璃。久而久之，这些破窗户就给人造成一种无序的感觉。结果在这种公众麻木不仁的氛围中，犯罪就会滋生、增长。破窗理论给我们的启示是：必须及时修好"第一扇被打碎的窗户玻璃"。

若你成为那扇破窗，那么最先被淘汰出局的人就是你。所以，我们必须懂得知错就改，做到及时止损。

担心损失的人，往往损失更大

有这样一个现象，如果你花300元购买了音乐会门票，在音乐会进行到一半时，你发现很一般，感到索然无趣。这个时候，你是选择继续听还是转身离开呢？想必大多数人会选择继续听，毕竟300元门票已经购买了，不听也是浪费了。

诺贝尔经济学奖获得者斯蒂格利茨告诉我们，这个时候一定要忽略你的沉没成本。也就是说，既然300元已经无法挽回，而自己又不喜欢，就没有必要再投入更多的时间和精力继续看下去。

事实上，相比于得到的，人们更在乎失去的，这也是人们普遍存在的"损失厌恶"心理。很多事例也表明，担心损失的人，往往损失更大。

◇纠错能力

　　一位女士婚前曾经是一个性格开朗的人，她憧憬美好的爱情和婚姻，也对未来的人生充满期待。不久，她遇到了一位心目中的"白马王子"，她觉得自己是这个世界上最幸福的人。

　　然而生活的剧本没有按照她的想象进行。婚后，他们很快有了孩子，她也辞去了工作，做起了全职妈妈，三口之家开始还算幸福。渐渐地，丈夫开始嫌弃她，对她各种挑剔，矛盾也逐渐多了起来。在一次争吵中，丈夫对她恶言相向，还动手打了她。她无比痛苦，也开始痛恨起丈夫，一度想以离婚收场。可是面对年幼的孩子，她心软了，觉得为了孩子也要忍受，毕竟孩子是无辜的。

　　而在一次更大的家庭暴力中，这个女士被打得遍体鳞伤，最终因为伤势过重而离世。

因为被孩子和家庭所绑缚，女士选择了一忍再忍，最终的结局不免令人唏嘘。如果她在婚姻生活里懂得及时止损，不再选择委屈求全，就不会有最终的惨剧。无论是婚姻，还是人生的其他方面，我们都要能清醒地去看待、去抉择，而不能在已经发生损失后还盲目坚持，这样的结果自然损失更大，甚至永远无法翻身。

　　1965年9月7日，世界台球冠军争夺赛在美国纽约举行。刘易斯·福克斯没有受其他因素的干扰，以绝对优势将其他选手甩到身后，轻松地杀进了决赛。局势很明显，他胜利在望。

　　在决赛的时候，他开始也是非常顺利，只需要再得几分，就可以拿到冠军了。可这时意外的事情却发生了。当他要击球的时候，一只苍蝇落在了主球上，看到这只苍蝇，他生气地将这只苍蝇赶走了。

可是当他再次俯身准备击球的时候，那只苍蝇又落到了主球上，这时刘易斯·福克斯的情绪发生了一些变化，他更加生气了，因为这只讨厌的苍蝇不断地落到主球上让他分了不少心，在刘易斯·福克斯的眼里，那只苍蝇仿佛是有意要与他作对，只要他一回到球台准备击球，那只苍蝇就会重新落到主球上来。

一想到这里，刘易斯·福克斯的愤怒到了极点，他全然不顾自己还在比赛，于是开始用球杆打苍蝇，多么滑稽的场面，结果球杆触动了主球，裁判判他击球，他也因此失去了一轮机会。经过这一番折腾，刘易斯·福克斯一下子方寸大乱，在后来的比赛中连连失利，而他的对手约翰·迪瑞却愈战愈勇，迅速赶了上来并将其超越，最终赢了这场比赛。

令人惊讶的是，在第二天早晨，人们在河边发现了刘易斯·福克斯的尸体——他投河自杀了。

因为一只苍蝇，刘易斯失去了冠军，也失去了生命。倘若他能够在失去冠军之后总结教训，及时纠正愤怒的情绪，争取在后面的比赛中翻盘，结局自然不会是一个悲伤的故事。

诚然，没有人不会遇到困境，也没有人不会愤怒，当我们已经为自己的错误付出了一些代价时，就要及时止损，不要为已经遭受的损失而耿耿于怀，甚至做出更离谱的事情来。请放大你的格局，摆脱担

◇纠错能力

心损失的牢笼,如果能做到这些,你未来在生活和事业上可以少走弯路,收获也会更大。

为了芝麻丢西瓜,要不得

常言道:"捡了芝麻,丢了西瓜。"意思是指抓住了小的,却把大的给丢了;重视了次要的,却把主要的给忽视了。比喻做事因小失大,得不偿失,最后亏的是自己。仔细想想,这何尝不是不懂得止损而带来的后果呢?

鲁国的宰相公仪休非常喜欢鱼,赏鱼、食鱼、钓鱼,爱鱼成癖。

一天,府外有一人要求见宰相。从打扮上看,像是一个渔人,手中拎着一个瓦罐,急步来到公仪休面前,伏身拜见。公仪休抬手命他免礼,看了看,不认识,便问他是谁。

那人赶忙回答:"小人子男,家在城外河边,以捕鱼糊口度日。"

公仪休又问:"噢,那你找我所为何事,莫非有人欺你抢了你的鱼了?"

子男赶紧说:"不不不,大人,小人并不曾受人欺侮,只因小人昨夜出去捕鱼,见河水上金光一闪,小人以为定是碰到了金鱼,便撒网下去,却捕到一条黑色的小鱼,这鱼说也奇怪,身体黑如墨染,连鱼鳞也是黑色,几乎难以辨出,而且黑得透亮,仿佛一块黑纱罩住了灯笼,黑得泛光。鱼眼也大得出奇,直出眶外。小人素闻大人喜爱赏鱼,便冒昧前来,将鱼献于大人,还望大人笑纳。"

公仪休听完，心中好奇，公仪休的夫人也觉纳闷儿。那子男将手中拎的瓦罐打开，果然见里面有一条小黑鱼，在罐中来回游动，碰得罐壁乒乓作响。公仪休看着这鱼，忍不住用手轻轻敲击罐底，那鱼便更加欢快地游动起来。

公仪休笑起来，口中连连说："有意思，有意思，的确很有趣。"

公仪休的夫人也觉别有情趣，那子男见状将瓦罐向前一递，道："大人既然喜欢，就请大人笑纳吧，小人告辞——"公仪休却急声说："慢着，这鱼你拿回去，本大人虽说喜欢，但这是你辛苦得来之物，我岂能平白无故收下。你拿回去——"

子男一愣，赶紧跪下道："莫非是大人怪罪小人，嫌小人言过其实，这鱼不好吗？"

公仪休笑了，让子男起身，说："哈哈哈，你不必害怕，这鱼也确如你所说奇异喜人，我并无怪罪之意，只是这鱼我不能收。"

子男惶惑不解，拎着鱼，愣在那里。公仪休夫人在旁边插了一句话："既是大人喜欢，倒不如我们买下，大人以为如何？"

公仪休说好，当即命人取出钱来，付给子男，将鱼买下。子男不肯收钱，公仪休故意将脸一绷，子男只得谢恩离去。

又有好多人给公仪休送鱼，却都被公仪休婉言拒绝了。

公仪休身边的人很是纳闷儿，忍不住问："大人素来喜爱鱼，连做梦都为鱼担心，可为何别人送鱼大人却一概不收呢？"

公仪休一笑，道："正因为喜欢鱼，所以更不能接收别人的

◇纠错能力

馈赠，我现在身居宰相之位，拿了人家的东西就要受人牵制，万一因此触犯刑律，必将难逃丢官之厄运，甚至会有性命之忧。我喜欢鱼现在还有钱去买，若因此失去官位，纵是爱鱼如命怕也不会有人送鱼，更不会有钱去买。所以，虽然我拒绝了，却没有免官丢命之虞，又可以自由购买我喜欢的鱼。这不比那样更好吗？"

众人不禁暗暗敬佩。

公仪休身为鲁国宰相，喜欢鱼，却能保持清醒，头脑冷静，不肯轻易接受别人的馈赠，这实在很难得，也是其懂得避贪止损的智慧体现。

在现实生活中，得了芝麻丢西瓜的人很多。有太多的人因为小利而锒铛入狱，有太多的人深陷贪念之中却无所顾忌。由此可见，有些事，表面看来能获得暂时的利益，但从长远来看，却"因小失大"，损失惨重。所以说，明智的人会既见利也见害，绝不会被眼前的利益所迷惑。

懂得及时止损的人，结局不会太差

国庆期间，一位男子乘坐高铁去往广州。检票上车后，他没有核对座位号，就随便找个座位坐下来。

不久，一个女孩登车后走了过来。她很有礼貌地对男子说："您好，这是我的座位，能给让一下吗？"男子斜着眼睛看着女孩，有些不满地说："坐哪里不一样，非要较真儿吗？"此时，女孩有些生气地说:"都是对号入座的,你怎么能这样说呢?"很快,女孩和男子吵了起来。

循着争吵声,高铁乘警走了过来,制止了争吵,在核验了双方车票后,要求那位男子回到自己座位。但是男子依然不为所动。无奈之下,在被警告三次后,男子也被警察带离,并给予行政拘留的处罚。

生活中会发生各种不愉快的事情,但是懂得及时止损的人却很少。因为不懂得止损,很多人往往不得不吞下恶果,这样做又是何苦呢?真正聪明的人,不会见小利而损失大利,不会陷入唯利是图的漩涡之中,其结局自然是善始善终。

英国哈利斯食品加工工业公司总经理亨利,有一次突然从化验室的报告单上发现,他们生产食品的配方中,起保鲜作用的添加剂有毒,虽然毒性不大,但长期服用对身体有害。如果不使用添加剂,则又会影响食品的保鲜度。

亨利考虑了一下,他认为应以诚对待顾客,他毅然把这一有损销量的事情告诉了每位顾客,随之又向社会宣布,防腐剂有毒,对身体有害。

他做出这样的举措之后,使他自己承受了很大的压力,食品销售锐减不说,所有从事食品加工的老板都联合起来,用一切手段攻击他,指责他别有用心,打击别人,抬高自己。他们一起抵制亨利的公司产品,亨利的公司一下子跌到了濒临倒闭的边缘。

◇纠错能力

　　苦苦挣扎了4年之后，政府站出来支持亨利了。哈利斯公司的产品又成了人们放心满意的热门货。哈利斯公司在很短的时间内便恢复了元气，规模扩大了2倍。哈利斯食品加工公司一举成了英国食品加工业的龙头公司。

　　在利益面前，亨利没有因为一时的利益而动摇，而是顶住重重压力，在食品安全上及时止损。虽然短时期对公司的效益产生了不利影响，但结局是完美的。事实证明，他的做法是明智的。

　　面对利益时，切勿因为蝇头小利而失去自我约束，也不要因为贪心而失去理智。要能够以清醒的态度做到及时止损，守住阵脚，不要向压力妥协，最终才能够获得巨大的回报。

第二节　面对沉没的成本，如何做到及时止损

别为打翻的牛奶哭泣

　　人生一世，草林一秋。谁都想让此生了无遗憾，谁都想让自己所做的每一件事永远正确。人不可能不做错事，不可能不走弯路。走了弯路之后，有后悔情绪很正常，正因为有了这种"积极的后悔"，我们才会在以后的人生之路上走得更稳、更好。

　　如果一个人面对人生的成本在不断沉没，不懂得及时止损，揪住昨日不放，或面对明天而忧虑重重，那么这种做法就是庸人自扰了。

　　1871年春天，一个年轻人拿起了一本书，看到了一句对他

前途有莫大影响的话。他是蒙特瑞综合医科的一名学生，平日对生活充满了各种忧虑，担心该做些什么事情，怎样才能开业，怎样才能生活。

这位年轻的医科学生碰巧看见的那一句话，使他成为当代最有名的医学家，他创建了世界知名的约翰·霍普金斯学院，成为牛津大学医学院的教授——这是学医的人所能得到的最高荣誉。他还被英国女王册封为爵士，他的名字叫作威廉·奥斯勒爵士。

下面就是他所看到的——托马斯·卡莱里所写的一句话，帮他度过了无忧无虑的一生："最重要的就是不要去看远方模糊的事，而要做手边清楚的事。"

40年后，威廉·奥斯勒爵士在耶鲁大学发表了演讲，他对学生们说，人们传言说他拥有"特殊的头脑"，但其实不然，他周围的一些好朋友都知道，他的脑筋其实是"最普通不过了"。

那么他成功的秘诀是什么呢？他认为这无非是因为他活在所谓"一个完全独立的今天里"。在他到耶鲁演讲的前一个月，他曾乘坐着一艘很大的海轮横渡大西洋，一天，他看见船长站在船舱里，揿下一个按钮，发出一阵机械运转的声音，船的几个部分就立刻彼此隔绝开来——隔成几个完全防水的隔舱。

"你们每一个人，"奥斯勒爵士说，"都要比那条大海轮精美得多，所要走的航程也要远得多，我要奉劝各位的是，你们也要学船长的样子控制一切，活在一个完全独立的今天，这才是航程中确保安全的最好方法。你有的是今天，断开过去，把已经过去的埋葬掉。断开那些会把傻子引上死亡之路的昨天，把明日紧

◇纠错能力

紧地关在门外。把今天的工作做得尽善尽美，这就是你能应付未来的唯一方法。"

奥斯勒爵士的话值得我们每个人珍视。昨天是一张作废的支票，明天是一张期票，而今天是你唯一拥有的现金，只有好好把握今天，明天才会更美好，更光明。

生活不可能重复过去的岁月，光阴如箭，来不及后悔。把奋发寄托在明天是懦夫的表现，是消极思想的典型体现。如果一个人总是活在昨天和明天，为此而错过今天，那无疑是人生的巨大损失，甚至最终一事无成。不要为发生过的或未发生的事情而烦恼，不要为打翻的牛奶而哭泣！及时止损，抓住今天的一切，才是聪明的选择。

感情受挫时，不必太强求

一个女孩失恋分手了，哭着去见上帝。上帝问她："你为什么这么难过？"

"他离开我了。"

"你还爱他吗？"

女孩重重地点了点头。

"那他还爱你吗？"

女孩想了想，哭了。

上帝笑了说："那么该哭的人是他，你只不过是失去了一个不爱你的人。而他失去的是一个深爱他的人。"

这个故事恰如其分地告诉我们，如果失恋分手了，请不要哭泣！当爱已成往事，潇洒地和他说"再见"吧！

在感情无法挽回时，要学会及时止损，切勿步入错误的深渊。既然两个人的感情已经走到绝境，又何必痛苦而无法自拔呢？又何必为已经无法改变的事情而心不甘呢？

许多事情，总是在经历过以后才会懂得。一如感情，痛过了，才会懂得如何保护自己；傻过了，才会懂得适时地放弃。在得到与失去中，我们慢慢地认识自己。其实，失败的感情生活并不需要这么无谓地执着，真的没有什么不能割舍的。

有个男士饱受一位前女友的骚扰，骚扰范围之广，等于古代的"诛九族"，所有亲戚朋友都备受这位不甘离去的女友的电话恐吓。后来他亲自去恳谈和解时才发现，原来他的前女友已经有了新的同居人——她自己有新欢，但就是不让他轻松如意。新的已来，旧爱还不愿割去。

一位在婚姻关系中不断有外遇的丈夫，在与前妻离婚后，过了几年，还来泼前妻硫酸，导致前妻一眼失明，全身百分之四十烧伤。她失去工作，严重地破了相，必须抚养两个孩子，更担心因伤害罪入狱的前夫假释出狱，继续伤害她。更可怕的是，她的前夫沾沾自喜地叫人传话过来："现在你没人要了吧，我还是可以要你，你乖乖把孩子带好……"

◇纠错能力

上面的故事，让我们看到了感情生活中损人不利己的案例。心中如果有"曾经拥有就永远不要失去"的偏执与占有欲，越想要获得爱的永久保证书，就越会偏离良心。有时候，为了强求一样东西而令自己的身心疲惫不堪，不惜铸成大错，是很不划算的。

无论是恋爱还是婚姻生活中，及时止损是一种非常重要的策略。对于失败的情感不必太在意，更不需去强求。两个人不能快乐，不如一个人快乐；两个人痛苦，不如成全一个人的快乐。面对糟糕的情感，只有放弃纠缠，做到体面离场，才能不伤害对方，也能更好地保全自己。懂得情感止损，才能切断烦恼，获得情感的新生。

投资失败时，要能够及时止损

在金融投资领域，失败对于投资者来说是家常便饭，个人可以在顷刻间倾家荡产，企业也有可能转眼停业关门。据统计，在期货交易中最后能够盈利并全身而退的人不到5%。股票、期货等投资凭借其高风险和高回报的特性，已经成为一种勇敢者的游戏。

面对难以避免的失败情况，倔强地坚持错误的方向无疑是最不可取的一种方式，及时止损才是明智的选择。

王静怡是一名导游，平时因为工作忙，根本就没有关注投资市场。但是，2018年她见有朋友辞去了导游的工作专门投资，日子也过得风生水起，她就动心了。在没有了解任何投资理财知识的情况下，王静怡就进入了投资市场。当时的市场行情一直在往上走，账面上的收入也很不错，这让王静怡迷失了自己，忘记了风险。

为了赚到更多的钱，王静怡不断地往里投钱，手上的基金80%是指数型、股票型基金。由于基金的行情非常好，每天的净值盈利都非常可观。所以，王静怡就把自己所有的资产都投进了基金里。后来指数大幅下滑，但是王静怡心有不甘，认为某一天指数终究会扭转。当指数走到了1000多点的时候，她还是不打算撤资，仍抱着很大的希望。结果她连本金都没有拿回来。

王静怡本就不了解投资市场，只是因为当时的整个投资行情非常好，她是"瞎猫碰上了死耗子"。但是好的投资行情让她贪婪了起来，把自己所有的资产都投了进去。而在指数下降的时候，她不甘损失，依然盲目乐观，还想赚到更多的钱。最后，她连本金都没有拿回来。成功的投资者之所以能够成功，在很大程度上依赖于他们懂得及时止损。而大部分投资失败的人总想拥抱高收益，不懂止损，具有很大的"赌"的成分。一旦"赌"错了，便一无所有。

股市行情好时，孙先生到一位朋友家做客，在交谈过程中，朋友向他谈及股票，大拍胸脯说："1个月赚20%绝对没问题。"

孙先生听了，十分动心。于是，他回家之后，就开始盘算：要是将买房的25万元投入股市，1个月赚20%，半年时间就可以买套很好的商品房了。抱着这样的想法，孙先生迫不及待地拿出了10万资金进军股市，准备大赚一笔。

一个星期之后，孙先生果真净赚了23%。预期一个月赚20%

◇纠错能力

的目标，竟然这么快就实现了，孙先生很高兴，于是，第二个星期，他把手里剩下的15万元全部投入股市。牛市的疯狂涨劲果然没有让孙先生失望，没过多久，他的股票市值已经突破50多万。

正当孙先生兴高采烈的时候，市场出现了剧烈波动。50多万的数字只保持了两天，突然股市出现跌盘，他的账面变成了37万元。接着连续几天出现了5个大跌，孙先生所持的股票连续跌停。不久，他的账面上只剩15万元！

看到这样的情况，孙先生几乎要晕过去。赔了将近一半的资金，孙先生很心疼，很想把损失补回来，然而，虽然股市后来又出现了反弹，但是他的股票一直没怎么涨。结果到了第二年，他的账户上仅剩下9万元，买房计划也随之流产了。

孙先生的投资遭遇，源于他在面对股价暴跌时心存幻想。很多时候，由于人们过分追求收益，罔顾投资风险，认为"高风险有高收益，只有冒险才能获得高报酬"，这样的投资思想是不值得提倡的。

股神巴菲特曾说："投资犯错不可怕，最重要的是不能连续犯错，要及时止损。"现实中，人们往往对投资中的既有损失心有不甘，总想投入新的成本去挽回损失，抑或盲目坚持以期迎来转机，殊不知损失更大，以致后悔不迭。因此，及时止损是投资者的秘密武器，也是摆脱更大风险的明智选择。

不为利益所惑，不为虚名所累

虚名不是虚荣，虚荣是一种内心的虚幻荣耀感，会使人脱离现实

第二章 及时止损，人生纠错的大智慧◇

看世界；而虚名是别人加给自己的一种名誉。一般来说，名与实是相符的，一个人的名声和他实际所做出的贡献是相等的。但是，有些人获得了名誉之后，就不再发展自己的才能，也不再做出自己的贡献，这种名誉就和实际渐渐地不相符合了，也就成了虚名。

虚名会使人放弃努力，沉睡在他已经取得的名誉上，不思进取，最后往往一事无成。中国古代有一个《伤仲永》的故事，说的就是被虚名所误的人生教训。

仲永小时候是个神童，过目不忘，能吟诗作赋，被人称颂，成为一时的名人。可是在他成名之后，沉醉在虚名之下，不再刻苦努力学习，长大成人之后，他就和一般人一样了。他的那些天赋、才能也都离他而去了，一生无所作为。这就是虚名可以毁掉人生的例子。

一位作家朋友，极看重自己在公众心目中的形象，得了肝病，不愿告诉别人，也不去诊治，将病情当秘密一样守护，唯恐自己给人留下一个弱者的印象，结果到了挺不住的那一天已经晚矣，被送进医院不到两个月便与世长辞，年龄不过43岁。可以说，他是被自己的名气累死的。

因为陷入虚名的美梦里，一些人开始不顾及未来和自身健康，不能及时醒悟去纠正自己的错误，也不能明白及时止损对于自己的重要意义。这不得不让人感到唏嘘和惋惜。

有个女人曾是一位拥有数处豪宅、开着豪车出入的款姐，她一掷千金的豪爽大方引来众人的惊羡，也为她自己赢得了

◇纠错能力

"富贵侠女"的美誉。然而，几乎是在一夜之间，女人突然销声匿迹，她的豪宅和名车也都易主。一个千万富姐缘何突然一贫如洗了呢？

女人与丈夫结婚时，丈夫还只是一个被人瞧不起的某化工厂的临时工。为了与丈夫结婚，她都与父母断绝了关系。为此，女人发誓一定要挣回面子。几年之后，女人终于等来了艳阳天。丈夫果然大发了，成了房地产老板，身价千万。

丈夫有出息了，女人觉得应该挣回面子。她对丈夫说："咱们结婚的时候，婚礼办得太寒酸了，我一直在家人面前抬不起头。你要是真想给我挣回面子，就给我补办一场风风光光的婚礼！"丈夫二话没说，一口答应了。女人在一家豪华大酒店补办了一场隆重气派的婚礼。那天的酒席一共摆了46桌，迎亲车队是清一色的高档豪华轿车，省电视台一位主持人为他们主持了婚礼。女人的父母终于放弃成见，满面春风地出席了女儿的婚礼。

爱慕虚荣撑起了女人越来越大的胃，她要求丈夫每盖一片楼，都要留下一套自住宅。短短四五年的时间，他们就拥有了十余套住宅。每次和朋友一起聚会时，女人都慷慨买单，给服务员的小费，出手相当大方。

有一次聚会，女人的一位好朋友被小偷割了包，丢失了两千元现金和一部手机，沮丧得没有心思唱歌。女人听说后，当即打开包甩给她一沓钱说："不就是两三千块钱吗？我补偿你的损失！"女人的豪爽、大方和仗义，使她在圈子里赢得了"富贵侠女"的美誉。

然而，在丈夫眼里，妻子变得越来越让他不可理解，越来越让他反感。昔日纯真的妻子，仿佛变成童话故事中那个不断向小金鱼索要财宝、贪得无厌的渔婆。终于，两人的婚姻走到了尽头。

离婚之后，女人好不容易挣来的面子又没了，她一下子从无限风光的顶峰跌落了下来。但她把面子看得比生命还重要，她不能让人们看她的笑话，她要不惜一切代价把丢失的面子挽回来。这样，她陆续卖掉了从前夫那里得来的6处房产和豪车来维持富姐的面子。渐渐地，她的财产所剩无几，面子早已不在。

故事中的女主人公如果不是为了面子，靠着几处房产下辈子的生活完全不用担心。可是，就是为了保住面子，她丢了婚姻，丢了仅有的财产，甚至还执迷不悟，这不能不说是一个悲剧。

好听的声名毕竟只是身外之物，虽然很重要，但是人的生命更重要。为了追求身外之物的名誉，而影响、损害甚至送掉性命，就是舍本逐末。我们社会上有很多先进人物，他们常常在这种名誉下，生活得很苦很累，总是想着自己的一言一行、一举一动都要符合自己的身份，这就像给自己戴上了名誉的枷锁，也失去了生命的本真。

生活并不是一味地为了"得"，也在于适当之时学会"止"。只有懂得及时止损，不为虚名所累，不被眼前的花环、桂冠挡住了前面的道路，才能不至于迷失自我，不至于断送未来。只有这样，你才能剥离生命的禁锢，成为人生的赢家。

◇纠错能力

不因琐事而烦恼

有一个叫做艾迪巴的人,每次生气和人起争执的时候,就用很快的速度跑回家去,绕着自己的房子和土地跑三圈,然后坐在田地边喘气。艾迪巴工作非常努力,他的房子越来越大,土地也越来越广,但不管房子和土地有多大,只要与人争论生气,他还是会绕着房子和土地绕三圈。艾迪巴为何每次生气都绕着房子和土地绕三圈,所有认识他的人心里都会起疑惑,但是不管怎么问他,艾迪巴都不愿意说明。

直到有一天,艾迪巴很老了,他的房子和土地也已经非常大,他又生气了,于是他拄着拐杖艰难地绕着土地跟房子走了三圈,等他好不容易走完,太阳都下山了,艾迪巴独自坐在田边喘气。他的孙子在身边恳求他:"阿公,您已经年纪大了,这附近的人也没有人拥有的土地比您的多,您不能再像从前一样,一生气就绕着土地跑啊,您能不能告诉我这个秘密,为什么您一生气就要绕着土地跑上三圈?"

艾迪巴禁不住孙子的恳求,终于说出了隐藏在心中多年的秘密,他说:"年轻时,我一和人吵架、争论、生气,就绕着房子和土地跑三圈,边跑边说:'我的房子这么小,土地这么小,我哪有时间哪有资格去跟人家生气?'一想到这里,气就消了。于是就把所有时间用来努力工作。"

孙子又问:"阿公,您年纪这么大又变成最富有的人,为什么还要绕着房子和土地跑?"艾迪巴笑着说:"我现在还是会生

· 54 ·

气，生气时就绕着房子和土地走三圈，边走边想：'我的房子这么大，土地这么多，我又何必跟人计较？'一想到这，气就消了。"

艾迪巴是明智的，他懂得如何化解烦恼，如何在时间和情绪上及时止损。人生中有许多梦想要去实现，有许多事要去做，如果把大好光阴消耗在烦恼上，既浪费了时间，又伤害了自己和他人。

在日常生活中，我们也要做一个不因琐事而烦恼的人，要有及时止损的良好心态。在烦恼之际，如果我们能多想想："为了烦恼而失去了快乐""为了烦恼而让自己的心情烦乱""为了烦恼而情绪失控""为了烦恼而怨恨他人"，到底值不值？答案当然是不值得。人生的每一步，都不要忘记及时止损，只有这样，我们才会为自己烦恼的心情辟出另一番安详。

暂时妥协也是一种止损

一提起"妥协"这个词，或许许多人会不屑一顾。因为一般来说，妥协意味着向别人屈服，意味着委曲求全，这是一件很没面子的事情。所以，有些人宁可折断腰杆，也绝不肯让面子有丝毫的损失。当然，这是一种气节，也是一种生活态度，本也无可厚非。但是，在某种情况下，暂时妥协一下，也是未尝不可的。因为有时候，妥协是双方或多方在某种条件下形成损益不对等的结果，它是一种及时止损策略，也是一种韬晦之法。在解决问题上，它不是最好的方法，但在更好的方法出现之前，它却是最好的止损方法。

◇纠错能力

  汉高祖刘邦曾率军讨伐匈奴，大败而归。刘邦死后，吕后主政。匈奴冒顿单于想趁机攻打汉朝，只是苦于师出无名，便送来一封信，想激怒吕后挑起战事。信中说要娶吕后为妻，代替刘邦当皇帝。

  吕后大怒，想斩掉来使，立即出兵。大将樊哙气愤不平，表示愿领兵10万"横扫匈奴"。这时，名将季布坚决反对出兵，他的理由是：现在高祖刚去世，国内人心未定，战争的创伤尚未平复，怎么能因一时之辱，置天下安危于不顾呢？

  吕后冷静下来，觉得季布的话很有道理，于是就命人写了一封非常谦卑的信："大王不忘怀于我，给我来信，想我年老色衰，发齿脱落，行步失度，哪配得上大王您呢？现在奉上我平日乘坐的御车两辆，良马八匹，给大王乘坐。"

  冒顿也是一代英雄，见了此信，找不到出兵的借口，只好暂时打消了大举入侵中原的念头。

  有些时候奋起抗争不起任何作用，反而会使事情向更不利的方向发展；如果退而选择用百倍的忍耐为既定目标暗中积蓄力量，则会获得更好的效果。妥协是通往成功的曲折道路，是在冷静中窥视时机，然后准确出击的智慧。

  妥协是在不利形势下所做的及时止损。斗争处于劣势时，对方往往提出无理要求，我们只好暂时让步，满足其要求，以避免更大危机。这样不仅给自己赢得了时间，还能削弱对方的锐气，使得整个形势向自己有利的方向发展。

当然，妥协也需要把握火候，适度进行。如果一味地采取妥协的态度，那么即使受尽了委屈，也不一定能得到"求全"的结果，反而会让自己陷入更危险的境地，自然损失更大。而只有在采取进攻手段实在不能奏效的时候使用这一策略，才能收到止损的最好成效。

避免让仇恨伤害自己

我们常常在大脑里预设一些规定，以为别人应该有什么样的行为，如果对方违反自己的预设就会引起我们的怨恨。面对怨恨，大多数人一直以为，只要我们不原谅对方，就可以让对方得到一些教训，也就是说，只要我不原谅你，你就没有好日子过。而实际上，不原谅别人，站在自己的角度来想似乎是对方受损了，其实真正倒霉的人却是自己，生一肚子窝囊气不说，甚至连觉都睡不好。这样看来，报复不仅让我们不能实现对别人的打击，反倒对自己的内心是一种摧残。

有一位好莱坞的女演员，失恋后，怨恨和报复心使她的面容变得僵硬而皱纹丛生，她去找一位最有名的美容师为她美容。这位美容师深知她的心理状态，中肯地告诉她："你如果不消除心中的怨和恨，对他人多一点儿包容，我敢说全世界任何美容师也无法美化你的容貌。"

乔治·赫伯特说："不能宽容的人损坏了他自己必须去过的桥。"生活中，我们难免与别人产生误会、摩擦。如果只有睚眦必报，不注意及时止损，任仇恨在心底悄悄滋长，你的心灵就会背负上

◇纠错能力

报复的重负而无法获得自由。

　　古希腊神话中有一位大英雄叫海格力斯。一天，他走在坎坷不平的山路上，发现脚边有个袋子似的东西很碍脚，他踩了那东西一脚，谁知那东西不但没有被踩破，反而膨胀起来，加倍地扩大着。海格力斯恼羞成怒，操起一条碗口粗的木棒砸它，那东西竟然长大到把路堵死了。

　　正在这时，山中走出一位圣人，对海格力斯说："朋友，快别动它，忘了它，离它远去吧！它叫仇恨袋，你不侵犯它，它便小如当初；你侵犯它，它就会膨胀起来，挡住你的路，与你敌对到底！"

仇恨是带有毁灭性的情感，只会激化矛盾，酿成大祸。人生如果只为一个仇恨的目的而生存，那么仇恨会毁掉你的心智、迷惑你的眼睛、吞噬你的心灵。报复是一把双刃剑，它不但会伤害到别人，也会刺伤了自己，还会使你落入恨的陷阱，让你看不到人间的关爱与温暖，即使在夏日也只能感受到严冬般的寒冷。

　　一个被仇恨占满的人，往往会活在悲愤和苦闷当中。所以，在面对仇恨时，我们要学会放下，学会与自己和解，在情绪和情感上做到及时止损，才能不被仇恨的阴云所遮蔽，才能不再纠缠于心灵毒蛇的咬噬中，获得自由。

撒手悬崖，才能全身而退

美国船王哈利教导儿子小哈利，说："真正的赌场高手，输赢都控制在10%左右，不管输到10%，还是赢到10%，他都会离场，就是在最顺手的时候，他也会放手，并毅然决然地退出来。因为在这个世界上，能在赢时退场的人，才是真正的赢家。"

这就是"急流勇退"的道理，也是一种及时止损的大智慧。汉代时，名臣张良能够明哲保身，功成而身退，辟谷以求仙，最终得以保全他的声誉。韩信不明白这个道理，致屡遭贬抑，终于丢了性命。

生活中，很多时候需要我们去打拼、去争取，在官场、职场、商场，很多人把握不住自己的欲望，因为一点贪念而输得一塌糊涂；相反，如果我们能做到急流勇退，在看似最应该得意的时候放手，在常人看来或许是损失，但事实上，能控制住自己的贪婪，这样做的人才是真正的赢家、真正的智者。

春秋末期，越国被吴国打败，越王勾践做了吴国奴隶。大臣范蠡也随勾践入吴，为吴王夫差驾车。在吴国，勾践饱尝屈辱，吃尽苦头。此时，范蠡不断鼓励他要活下去，为复仇做准备。

几年后，吴王夫差放越王勾践回国。越王勾践一回到越国，就拜范蠡为相国，范蠡采取一系列富国强兵的措施，最终帮助勾践消灭了吴国。

灭吴本是高兴的事，可是越王勾践却并不高兴。范蠡认为一

◇纠错能力

定是自己功高震主，才惹得越王不高兴。于是，他上书给越王，说："当年大王受辱，我所以不死，就是为了报仇雪耻。现在大仇已报，臣请赐死。"越王勾践读了信，对范蠡说："我还打算把国家分一半给你呢。"范蠡知道越王早晚会加害自己，就逃离了越国。

范蠡离开越国前，给老友文种写了一封信，说："飞鸟被打完，再好的弓箭也要藏起来；兔子被打完，就轮到煮猎狗来吃了。越王只可共患难，不可共富贵，你还是离开吧！"文种看了信，就以生病为借口不去上朝。

不久，有人诬告文种要谋反，越王勾践派人给文种送去一把剑。文种一看，明白了越王的意思。临死前，文种感叹说："我真后悔没听范蠡的忠告，才有了今天的结局啊！"说完，文种持剑自杀。

范蠡不贪图名利，始终保持自己自由人的生涯，得以安身保命。而文种却与此相反，结局很是悲惨。因此，明智的人懂得急流勇退，懂得舍就是得，懂得用前瞻的眼光去止损，而不是身陷危险之时才幡然醒悟，悔不当初。

正所谓"撒手悬崖，才能全身而退"。人生是无常的，也是无法预测的，能抵制诱惑，止住欲望，自然不会被欲望吞噬。所以，拥有大智慧的人从不计较眼前的得失，更懂得及时止损的生存之道。

第三章
会说会听不犯错，处世避免栽跟头
谨言慎行没有错，三思而行不惹祸

第一节　管住嘴，不在说话上惹是非

办事有尺度，说话讲分寸

世上早有"为人处世和说话办事要讲分寸"的劝勉，但"分寸"到底在哪里，大多数人却未必能说得清。能说清这二字的人，可以说，都是聪明、练达和城府极深的人。有人说，通往成功的路有多条，殊不知每一条路上都布列着大小不一的"分寸"二字，不管是与人说话、与人交往、与人办事，差不多都深深蕴藉着分寸的玄机。很明显，一个人在社会上把握不好分寸，就说不好话，办不好事，甚至还可能在说话上犯错误，从而伤害了他人。而一个懂得说话玄机、懂得分寸的人，则能更好地与人相处，使事情得到完美解决。

有一位热情的小伙子向一位美丽的姑娘表达了自己的爱慕之情，但是这位美丽的姑娘并不喜欢这位小伙子。

在小伙子真情告白后，姑娘问道："你真的很喜欢我吗？"

小伙子说："当然了，我保证自己是真的喜欢你，我对天发

◇纠错能力

誓……"

姑娘问:"那你有什么证据可以证明你爱我呢?"

小伙子热切地说:"我的心,我用我这颗真诚的心可以证明。"

姑娘笑笑,说道:"呵呵,真的很对不起,你是唯'心'主义者,而我是典型的唯'物'主义者啊。唯心主义者和唯物主义者怎么能够在一起呢?"

姑娘明明知道小伙子说的"真诚的心"是和哲学名词不同的,但是姑娘知错犯错,机智地将小伙子的那颗"真诚的心"说成了是唯心主义,然后通过自己的唯物主义思想立场,将拒绝巧妙委婉、幽默地表达了出来。

人们在为人处世时,说话分寸处理得好,能使生活和谐圆融,处理得不好就会导致不良结果,轻则受到非议与谩骂,重则自毁口碑或功败垂成。

分寸,往往是生活长河上的一个分水岭,超越它,好与坏、善与恶、爱与恨、喜剧与悲剧就可能发生转化。比如,酗酒能转化为肝硬变,大快朵颐能转化为肠胃疾病,超强度体育运动能转化为筋骨损伤……"分寸"隐于这一系列"转化"之中,鬼使神差地改变着人们的生活质量与生活节奏。

通常所说的"掌握火候""矫枉过正""过犹不及""欲速则不达"等讲的都是这种"火候"和"分寸"的问题。

说话有尺度,交往讲分寸,办事讲策略,行为有节制,别人就很容易接纳你、帮助你，尊重你的体面，满足你的愿望。反之，你不懂分寸，说话冒失，举止失体，不识深浅，就会人人讨厌，事事难为，处处碰壁。

说话的尺度和办事的分寸类似于一匹宝马，驾驭好了可以日行千里，助你冲锋陷阵；驾驭不好，就会让你摔跟头，甚至踢伤别人。

"分寸"二字谁也逃不过。懂得讲话技巧的人，能把一句原本并不十分中听的话，说得让人觉得舒服。有一位著名企业的总裁，当他要属下到他办公室时，从来不说："请你到我的办公室来一趟！"而是说："我在办公室等你！"

中国人办事儿讲人缘，中国人成功靠人缘。没有好的人缘，不知要失去多少成功的机会，干多少事倍功半的事情。人缘依靠什么维护？靠的就是嘴上的分寸，一句话说过了，可能毁掉一生前途，正所谓"一着走错，满盘皆输"；一句话说到位了，也可能平步青云，扶摇直上。

话多不如话少，话少不如话好

在现实生活中，很多人都是人群中的活跃者，喜欢以自我为中心，夸夸其谈，当然得不到好人缘。还有一些人，总是将自己的生活泡在"苦水"里。无论大事还是小事，他们都像"祥林嫂"一样，不遗余力地向人倾诉，向人抱怨。然而，这样做，不仅不会换来同情，还可能惹来别人的厌弃。

俗话说："话多不如话少，话少不如话好。"话多的人不一定有智慧，话少倒有可能更让人接受。下面这个案例就是最好的说明。

◇纠错能力

开始时，王艳向别人推销时总是赖在别人面前不走，直到把对方累垮，业绩却毫无起色，久而久之，她对自己的推销能力产生了怀疑。后来在别人的指点下，她决定：并不一定要向每一个拜访的人推销保险。如果超过预定的时间，就要转移目标。为了使别人快乐，我会很快离开，即使我知道如果再磨下去他很可能会买我的保险。

谁知这样做竟然产生了奇妙的效果："我每天推销出去的保险的数目开始大增。还有，有些人本来以为我会磨下去的，但当我愉快地离开后，他们反而会联系我，并且说：'你不能这样对待我。每一个推销员都会赖着不走，而你居然不再跟我说话就走了。你回来给我填一份保险单。'"

在与人相处时，或许你就有这样的感触：当有人想用言辞来引起你的重视的时候，反而他说得越多，在你看来这个人就越是平淡无奇，或者觉得他啰啰嗦嗦惹人讨厌。

这是因为，说得越多，说出愚蠢的话的可能性也就越大，犯错的机会也就越多。很多时候，如果能保持缄默，或者把话说得简洁一点，或者保留一些，给对方留一点儿遐想，那么可能更受欢迎。

常言道："言多必失"，也是指说话太多的害处。清朝宰相刘墉就曾体验到这样的害处。

提起清代的"刘罗锅"刘墉，人们脑海里立刻出现了一个聪明机智、正直勇敢、不失几分幽默的人物形象。他凭着自己的正直和聪明周旋于危机重重的官场，左右逢源，游刃有余。但很少有人知道，刘墉也曾遭遇过重大挫折，受到乾隆皇帝的申斥，本该获授的大学士一职也旁落他人。究其原因，不过是刘墉守口不密，说话不周，酿成了大错。

一次，乾隆谈到一位老臣去留的问题，说若老臣要求退休回籍，自己也不忍心不答应。刘墉便将这话泄露给了老臣，而老臣果然真的面圣请辞。乾隆大为恼火，认为这是刘墉觊觎大学士的明证，是谋官的明证，因而对其训斥一通，将大学士一职改授他人。

职场处世戒多言，言多必失。刘墉由于说话不慎，将到手的大学士丢了，就是最好的明证。

当然了，与人相处，话要少说更要说得好。在我们的人生中，不但要学会适时地沉默，还要学会优美而文雅的谈吐。少说话固然是美德，但是在该说的时候，要注意所说的内容、措辞、声音和姿势，要注意在什么场合说什么话。无论是探讨学问、接洽生意，还是交际应酬、娱乐消遣，我们要尽量使自己说出来的话重点突出、具体而生动。

古语说：兵不在多而在精，说话也应以"精"为好。要把话说到点子上，说到对方的心坎里，这样才能避免无端出错，也给交际架起一座绚丽的彩桥。

出门要看天气，说话要看场合

任何说话总是在一定场合中进行，并受其影响和制约的。说话艺

◇纠错能力

术的高低、效果的优劣，不仅和表达的内容有关，也与具体场合密切相连。场合不同，人们的心理和情绪也往往会随之发生变化，从而影响说话者对思想感情的表达，以及听话者对话语意义的理解。鲁迅曾讲过这样一个故事：

　　一户人家生了一个男孩，全家高兴极了，满月的时候，抱出来给客人看——自然是想得到一点儿好兆头。
　　一个说："这孩子将来要发财的。"于是他得到一番感谢。
　　一个说："这孩子将来要做官的。"于是他收回几句恭维。
　　一个说："这孩子将来是要死的。"于是他得到一顿大家合力的痛打。

前两个客人明显说的是假话，后一个客人说的是客观事实，但为什么待遇不同呢？因为后一个客人说话不注意场合，在人家欢庆时却说不吉利的话。

所以，说话时无论是话题的选择、内容的安排，还是语言形式的采用，都应该根据特定的场合来决定取舍，做到灵活自如。如果不注重场合，犯错也是必然的。

一般说来，在非正式、非公开场合，如家人、夫妻、密友之间的私人交谈，街坊邻里茶余饭后的品茗闲聊，三朋四友酒席宴上的横扯竖侃，师生同事邂逅的问候致意，可以随便一些、轻松一些，措辞不必那么讲究。而在正式、公开场合，如作报告、演讲、谈判、会议发言、讲课，以及外事活动等情况下，就应严肃、认真，把握分寸，绝不可信口开河，胡言乱语。

比如，在喜庆欢快的场合，说话应有助于欢快气氛的加浓，切忌说晦气话。例如，王蒙在《表姐》一文中写道：

> 表姐非常关心别人，但关心往往成为担心，以不祥的预言形式表现出来。邻居生了一个白白胖胖的小子，很招表姐喜爱，表姐就说"真怕他得了脑膜炎……"表弟买了一辆自行车，她就把"撞到汽车上""被贼偷走"等话挂在嘴上。我的功课学得好，她就说："会累出病来的。"她总是在担忧，有些担忧显得可笑，住进新房子担心房屋倒塌，吃了西瓜担心得痢疾；但往往很多事情不幸被她言中……听着她的话，简直像一个猫头鹰的诅咒一样令人产生反感……

如果你有这样一位表姐，也会很厌烦的。

说话场合还有该说与不该说之分。在许多场合，是不需要好口才的，如果滔滔不绝还会产生副作用，对交往是不利的。这时，缄口不言——闭着嘴巴不说话，反倒更利于与人打交道，更能收到交往的预期效果。这就是不该说的场合。

例如，在一个人情绪失控的情况下，任何安慰都难以使当事人接受，不如等他冷静下来，等他恢复了理智，再同他交谈应该会更妥当。

在丧葬场合，说任何喜乐的话、玩笑的话，都会引起当事人的不满；安慰丧亲的不幸者，说急于劝阻对方恸哭的话也是没有作用的，

◇纠错能力

强烈的悲痛如巨石积压在心头，愈压愈重，不吐不快，让其宣泄、释放出来，反而有利于其较快恢复心理平衡和平静的状态。

有些人遇到麻烦的时候，常常喋喋不休、唠叨不止，殊不知这样正好暴露了自己的弱点。处在尴尬情况下，与其聒噪不停，甚至说错话，倒不如保持沉默。宋代词人黄升在他的《鹧鸪天》中这样说："风流不在谈锋盛，袖手无言味正长。"这是不无道理的。

常言道，出门看天气，说话看场合。说话人的言辞表达，不是在任何时间、任何地点都可以随心所欲的，必须加以选择，才能避免出错。俗话说"到什么山上唱什么歌"，也是这个道理。同一句话，在这个时间、这个地点，可以说；但在另一个时间、另一个地点，就不一定可以说。不可以说而说了，就可能影响交际效果，甚至出乱子。

实话要巧说，坏话要好说

在生活中，人与人之间交流是避免不了的，同时说话的双方彼此都希望对方能对自己实话实说。但在某些特定的场合下，如顾及面子、自尊，以及出于保密等，实话实说往往会令人尴尬、伤人自尊，甚至出现令人难以原谅的错误。因此，实话是要说的，却应该巧说。那么该如何才能说得既让人听了顺耳，又欣然接受呢？要做到以下几点。

1. 由此及彼肚里明

两个人的意见发生了分歧，如果直接反驳就有可能伤了和气，影响团结。这个时候就需要我们采取这种方法，因为这样可能会避免一些麻烦。有这样一个例子：

一次事故中，主管生产的副厂长老马左手指受了伤被送往医院治疗。厂长老丁来病房看望时，谈到车间小吴和小齐两个年轻人技术水平较强，但组织纪律观念较差，想让他们下岗。

老马当时没有表态，只是突然捧着手"哎哟哎哟"大叫。丁厂长忙问："疼了吧？"老马说："可不是，实在太疼了，干脆把手锯掉算了。"老丁一听忙说："老马，你是不是疼糊涂了，怎么手指受了伤就想把手给锯掉呢？"

老马说："老丁，你说得很有道理，我这手受了伤需要治疗，那小吴和小齐……"老丁一下子听出老马的"弦外之音"，忙说："老马，谢谢你开导我，小吴和小齐的事我知道该怎么处理了。"

老马用手有病需要治疗类比人有缺点需要改正，进而巧妙地把用人和治病结合起来，既没因为直接反对老丁伤了和气，而且又维护了团结，成功地解决了问题。

2. 抓心理达目的

这就是要抓住人的心理，运用激将的方法，进而达到自己真正的目的。

一位衣着华贵的妇女走进时装店，对一套服装很感兴趣，但又觉得价格昂贵，犹豫不决。这时一位营业员走过来对她说，某

◇纠错能力

某女部长刚才也看好了这套衣服，和你一样也觉得这套衣服有点贵，刚刚离开。于是这位夫人当即买下了这套衣服。

这位营业员能让这位夫人买下服装，是因为她很巧妙地抓住了这位夫人"自己所见与部长略同"和"部长嫌贵没买，她要与部长攀比"的心理，用激将的方法进而巧妙地达到了让夫人买下服装的目的。

3. 藏而不露巧表达

运用多义词委婉曲折地表明自己要说的大实话。

林肯当总统期间，有人向他引荐某人为阁员，因为林肯早就了解到该人品行不好，所以一直没有同意。

一次，朋友生气地问他，怎么到现在还没结果。林肯说，我不喜欢他那副"长相"。朋友一惊道："什么！那你也未免太严厉了，'长相'是父母给的，也怨不得他呀！"林肯说："不，一个人超过40岁就应该对他脸上那副'长相'负责了。"朋友当即听出了林肯的话中话，再也没有说什么。

很显然，这里林肯所说的"长相"和他朋友所说的"长相"，根本不是一回事。林肯巧妙地利用词语的歧义性，道出了"这个人品行道德差，我不同意他做阁员"这句大实话，既维护了朋友的面子，又达到了自己的目的。

忠言不一定要逆耳

中国有句话叫"忠言逆耳",意思是话虽是好话,却不受欢迎。为什么呢?因为这些话虽都是好意,却往往说到别人的痛处,比如批评。在这个问题上,林语堂先生的观点是,世上的每个人都觉得自己是唯一的好人,批评别人是为了他好,于是竭尽全力将他人的错处挖出,希望他改进,但谈何容易?因此,批评也要讲究方法。

在日常生活中,很多人批评起人不讲情面,简直让人无地自容,下不了台阶。其实,这种批评方式不但无法达到让他人改正错误的目的,而且有碍于自己的人际关系。所以,我们要学会批评,让他人既意识到自己的错误,同时也理解你善意批评的意图,使他内心里对你心存感激,而最好的方式就是暗示。

宋朝知益州的张咏,听说寇准当上了宰相,对其部下说:"寇公奇才,惜学术不足尔。"这句话一语中的。张咏与寇准是多年的至交,他很想找个机会劝老朋友多读些书。

恰巧时隔不久,寇准因事来到陕西,刚刚卸任的张咏也从成都来到这里。老友相会,格外高兴。临分手时,寇准问张咏:"何以教准?"张咏对此早有所考虑,正想趁机劝寇公多读书。可是又一琢磨,寇准已是堂堂宰相,居一人之下,万人之上,怎么好直截了当地说他没学问呢?张咏略微沉吟了一下,慢条斯理地说了一句:"《霍光传》不可不读。"

回到相府,寇准赶紧找出《汉书·霍光传》,从头仔细阅

◇纠错能力

读,当他读到"光不学无术,阇于大理"时,恍然大悟,自言自语地说:"此张公谓我矣!"

是啊,当年霍光任过大司马、大将军要职,地位相当于宋朝的宰相,他辅佐汉朝立有大功,但是居功自傲,不好学习,不明事理,这与寇准有某些相似之处。寇准很快明白了张咏的用意。

张咏与寇准过去是至交,但如今寇准位居宰相,直接批评效果不一定好,而且传出去还会影响寇准的形象;批评太轻了,又不易引起其思想上的变动。在这种情况下,张咏的一句赠言"《霍光传》不可不读",可以说是绝妙之极。张咏通过教读《霍光传》这个委婉的方式,使寇准愉快地接受了自己的建议。正所谓:"借它书上言,传我心中事。"这种批评才是智慧,易让人接受的。

生活中,批评以及劝勉的话语一般会比较严厉,而严厉带来的批评效果不一定就会很好,因为没有人愿意经常感受被批评的滋味。与其让严厉的批评使得双方都感觉到不自在,还不如让批评者把批评说得"悦耳"一些。当被批评者感受到批评者的大度以及温和的说教后,心里佩服之情会让被批评者更加心甘情愿地接受教导,认真执行。这就是柔和的批评所带来的强大力量。

适度玩笑,切莫过了火

玩笑是把双刃剑,用得好可以调节我们的生活,一旦失去分寸,就会适得其反,弄巧成错。

俗话说,凡事有度,适度则益,过度则损。人际交往中,开个得体的玩笑，可以松弛神经，活跃气氛，创造出一个适于交际的轻松愉快的氛围，因而诙谐的人常能受到人们的欢迎与喜爱。如果开玩笑开得不好，则适得其反，伤害感情，因此开玩笑要掌握好分寸，即适可而止，否则一步走错弄巧成拙，便得不偿失。

一天，几个同事在办公室聊天，张宁刚配了一副眼镜，于是拿出来让大家看看她戴眼镜好不好看。大家不愿扫她的兴都说很不错。这件事使胡威想起一个关于近视眼的老小姐的笑话。接着是一片哄笑声，孰料事后竟从未见张宁戴过眼镜，而且她碰到胡威再也不和他打招呼了。

其中的原因不难明白。说者无心，听者有意，在胡威看来不过是说起一则近视眼的笑话，然而，张宁则可能这样想："你取笑我戴眼镜不要紧，还影射我是个老小姐。我老吗？我才26岁！"

一句玩笑伤害了他人的心灵，让原本顺畅的人际关系出了问题，这岂不是无心玩笑却铸了大错？有太多这样的例子告诉我们，不要为了一时口快乱开玩笑，有失分寸的玩笑一定会引来麻烦，我们应该引以为戒。

人生如若没有了玩笑的调剂，那一定活得太累太累。不过，开玩笑也是人生的一种智慧，一种艺术，一种境界，一种性情，并不是人人都能够游刃有余地使用这件利器的。不懂开玩笑的人是可悲的，而玩笑开过了火也同样是可悲的！

◇纠错能力

　　人的脾气、性格、爱好不同，开玩笑要因人而异。开玩笑要注意长幼关系。长者对幼者开玩笑，要保持长者的庄重身份，使幼者不失对长者的尊敬；幼者对长者开玩笑，要以尊敬长者为前提。开玩笑要注意男女有别。男性对语言情境的承受能力较强，一般的玩笑不会导致男性的难堪；女性对语言情境的承受能力较弱，不得体的玩笑会使女性难堪，甚至"下不来台"。开玩笑还要注意亲疏的差异。一般情况下，与自己比较亲近、熟悉的人在一起开玩笑，即使重一点，也不会影响友好关系。但与自己比较陌生的人在一起，就不宜开玩笑，因为你对人家的个性、经历、情趣、隐私不了解，可能在开玩笑中冒犯了对方，引起反感，不利于今后的互相了解和友谊的发展。

　　开玩笑也要看场合。一般来讲，在庄严、肃穆的场合不能开玩笑，工作时间不能开玩笑，在公共场合和大庭广众之下，也尽量不要开玩笑。在非常时期，不能拿非常之事开玩笑，在公共传媒上开玩笑更是要慎之又慎。

　　开玩笑还要讲究内容健康。拿别人的生理缺陷开玩笑，这是故意揭"伤疤"；捕风捉影，把小道消息当作笑料，这是不负责任的低级趣味；把玩笑下流化，将肉麻当有趣，这是寻求感官刺激。凡此种种，都应坚决避免。

　　总之，只有当把握好开玩笑的分寸时，才能够既达到活跃氛围的作用，也不至于伤害到他人，自己真正成为一个幽默机智的人。

打人莫打脸，揭人莫揭短

　　俗话说："人有脸，树有皮。"自尊心是每个人都有的，因此，在人际交往中，应当尽可能照顾别人的自尊，不要伤害别人的自尊心，尤其不要揭人短处，戳人伤疤。这在人际交往中是最不应该犯的错误。

当然，人际交往中摩擦是难免的，在摩擦中，应当就事论事，才能保持双方的理智，集中精力解决问题。假如搞人身攻击，不仅问题解决不了，还会引起激烈的冲突，甚至导致双方理智的丧失，干出蠢事来。

解决人际交往冲突的方法很多，非原则性的争执，则谦让宽容；原则性的问题，比如对方确实存在错误缺点，则采取"理直气和"法。即在批评别人时，坚持以理服人、婉转迂回的方式。

《伊索寓言》中有一篇关于太阳和风的故事：

太阳和风谁更强有力？风说："我要让你看看我的力量，看见路上穿大衣的那个老头了吗？我敢打赌，我能比你更快地使他脱掉大衣。"

于是，太阳躲到云后，风开始吹起来。风越吹越猛，但它吹得越急，老人却把大衣裹得越紧。终于，风无可奈何地平息下来。

太阳从云后露出脸来，以暖洋洋的光照着老人。不久，老人出汗了，不得不把大衣脱掉并躲到树荫下纳凉。

太阳对风说："怎么样，温和与友善比愤怒和粗暴更有力吧？"

从上面的故事可以看出，有时候用温和的方式更容易让人做出改变或者接受我们的观点建议。所以在对人对事上，不揭人短处，不戳

◇纠错能力

人痛处，用温和的语气更容易取得预期的效果。

俗话说："良言一句三冬暖，恶语伤人六月寒。"揭人的短、伤人的自尊心是令人难堪的。在人与人之间的交往中，千万要维护别人的自尊，即使人家有错误，也应该在适当的场合婉转地指出。

明太祖朱元璋出身寒微，做了皇帝后自然少不了有昔日的穷哥们到京城找他。这些人满以为朱元璋会念在老朋友的情分上给他们封个一官半职，谁知朱元璋最忌讳别人揭他的老底，认为那样有损自己的威信，因此对来访者大都拒而不见。

朱元璋儿时的一位好友，千里迢迢从老家凤阳赶到南京，几经周折才进了皇宫。一见面，这位老兄便当着文武百官大叫大嚷起来："朱老四，你当了皇帝可真威风呀！还认得我吗？当年咱俩一块儿光着屁股玩耍，你干了坏事总是让我替你挨打。记得有一次咱俩一块儿偷豆子吃，背着大人用破瓦罐煮。豆子还没煮熟你就先抢起来，结果把瓦罐打烂了，豆子撒了一地。你吃得太急，豆子卡在喉咙里还是我帮你弄出来的。你忘了吗？"

这位老兄还在喋喋不休唠叨个没完，朱元璋却再也坐不住了，心想此人太不知趣，居然当着文武百官的面揭我的短，让我这个当皇帝的脸往哪儿搁？盛怒之下，朱元璋下令把这个人杀了。

"为尊者讳"，这是官场的一条规矩。一个人，无论他原来的出身多么低贱，有过多少不光彩的经历，一旦当上了大官，爬上了高位，他身上便罩上了灵光，变得神圣起来。往昔那见不得人的一切，要么一笔勾销，永不许再提；要么重新改造、重新解释，赋予新的含义。这位穷哥们儿哪懂得这一点，自以为与朱元璋有旧交，居然当众揭皇帝的老底儿，触犯了"逆鳞"，岂不是自找倒霉吗？

揭皇上的短，要遭杀头。其实不光揭有分量的人物的短或遭到厄运，即便揭平常人的短，也会让彼此都不愉快。

俗话说："打人莫打脸，骂人莫揭短。"中国人最爱面子，"人活一张脸，树活一张皮"。揭他人不光彩的过去是对人的不敬重，也是自讨没趣的做法。

绕个圈子再说"不"

身边常有这样的人，一味地照顾别人的感受，凡事都习惯于说"是"，经常给别人面子，认为那是一种对别人的尊重。然而，他们没有意识到，自己拒绝的权利却没有得到别人的尊重。聪明的人应该学会如何果断而尊重地拒绝。

在日常生活中，热情帮助别人，对别人的困难有求必应，当然有助于建立融洽的人际关系。但生活中也常有这样的事，即别人有求于你的，恰恰是让你感到为难的事。帮忙吧，自己确实有难处；不帮忙吧，又怕人家说你的闲话。还有的时候，你必须对别人的提问给予回答，一般说来，肯定的合乎对方期望的回答往往能使听者感到愉快，而否定的回答，尤其是直截了当地说"不"，则会使对方感到失望和尴尬。

所以，拒绝别人也有一定的方法，说出来的话要能让对方接受，

◇ 纠错能力

这样彼此之间的关系才不会受到影响。当别人对你有所希求而你办不到、不得已要拒绝的时候，最好用婉言拒绝的方式。与直接拒绝相比，它更容易被接受，也不会出现错误纰漏，因为它在很大程度上，顾全了被拒绝者的颜面。

拒绝他人的一个好办法，就是在对方提出请求后，不要马上回答，而是先讲一些理由诱使对方自我否定，自动放弃原来提出的请求，以减少对方遭到拒绝后的不快。

两个打工的老乡找到在城里工作的李某，诉说打工的艰难，一再说住店住不起，租房又没有合适的，言外之意是要借宿。

李某听后马上暗示说："是啊，城里比不了咱们乡下，住房可紧了，就拿我来说吧，这么两间耳朵大的房子，住着三代人，我那上高中的儿子，晚上只能睡沙发。你们大老远地来看我，应该留你们在我家好好地住上几天，可是做不到啊！"两位老乡听后，就非常知趣地走开了。

拒绝别人是一件很难的事，如果处理不好，很容易影响彼此的关系，所以在拒绝别人的时候有必要绕个圈子说出你的"不"。当不得不拒绝别人时，也要讲究礼貌，这对于你的形象是大有益处的。人都是有自尊心的，一个人有求于别人时，往往都带着惴惴不安的心理，如果一开口就说"不行"，势必会伤害对方的自尊心，引起对方强烈的反感，而如果话语中让他感觉到"不"的意思，从而委婉地拒绝对方，就能够收到良好的效果。所以，掌握好说"不"的分寸和技巧就显得很有必要。

藏不住事，难成大事

藏不住事的人很容易将自己的隐私泄露给他人，自己的隐私一旦被人知晓，很可能酿成不可估量的祸事。这样的错误，也在很多人的身上发生过。

我们每个人的内心里，都有一片私人领域，在这里我们埋藏了许多只属于我们自己的"隐私"。

那是自己的秘密，只可留给自己，千万不要随便说出口，也许它会成为别人要挟你的把柄，到最后，让你追悔莫及。

马林因为不懂保护隐私，吃了大亏。他刚入职场时，怀着很单纯的想法，像大学时代和室友们无话不说一样，常将自己的一些经历及想法毫不设防地和同事讲。马林工作不久，就因出色的表现成为部门经理的热门人选。可他曾无意中告诉同事，他的父亲与董事长私交甚好。于是，大家对他的关注集中在他与董事长的私人关系上，而忽略了他的工作能力。最后，董事长为了表示"公平"，只能任命另一个能力和他差不多的职员为部门经理。

如果马林保护好自己的隐私，也许就能得到这个升职的机会。老板们都欣赏公私分明的员工，敬业不仅意味着勤奋工作，更意味着以大局为重，不把私事带到工作领域中来。

很多人都和马林一样，有一个共同的毛病：心里藏不住事儿，有一点点喜怒哀乐，就想找个人谈谈；更有甚者，不分时间、对象、场合，见什么人都把心事往外吐。

其实这也没有什么不对，好的东西要与人分享，坏的东西当然不能让它沉积在心里。要说可以，但不能"随便"说，因为你的每个倾诉对象都是不一样的，说心里话的时候一定要有"心机"，该说则说，不该说千万别说。

之所以处理隐私要这么慎重，是因为隐私会泄露一个人的脆弱面，这脆弱面会让人改变对你的印象。虽然有的人欣赏你"人性"的一面，但有的人却会因此下意识地看轻你，最糟糕的是脆弱面被别人掌握住，可能会成为你日后的致命伤。这一点不一定会发生，但必须预防。

有些隐私具有危险性与机密性，当你毫无顾忌地倾吐这些隐私时，很可能有一天会被人拿来当成对付你的武器，怎么吃亏的恐怕连自己都不知道。

即使对好朋友也该有所保留，不可随便说出来，要对他人说的隐私还是要有所筛选。因为目前的"好"朋友未必也是未来的"好"朋友，这一点必须了解。

一定要给隐私加把锁，无论是办公室、洗手间还是走廊，只要是在公司范围内，都不要谈论私生活；不要在同事面前表现出和上司超越一般上下级的关系；即使是私下里，也不要随便对同事谈论自己的过去和隐秘思想；如果和同事已成了朋友，不要常在其他同事面前表现太过亲密，对于涉及工作的问题，要公正，有独到的见解，不拉帮结派。有些人喜欢打听别人的隐私，对这种人要"有礼有节"，不想说时就礼貌而坚决地说"不"。千万不要把分享隐私当成打造亲密同事关系的途径。

保护隐私,一来是为了让自己不受伤害,二来也是为了更好地工作。不过,也不必草木皆兵,若对一切问题都三缄其口,也很容易让人觉得你不近情理。有时,拿自己的缺点自嘲一把,或和大家一起开自己无伤大雅的玩笑,会让人觉得你有气度、够亲切。

慎言慎行,不做是非的制造者

有一次,苏格拉底的一位学生匆匆忙忙地跑来找苏格拉底,一边大口喘着粗气,一边兴奋地说:"告诉你一件事,你绝对想象不到……"

苏格拉底毫不留情地制止了他:"等一下!我先问你三个问题。回答了之后,你再决定是否告诉我这件事。"

"第一个问题:你要告诉我的这件事是真实的吗?"

学生有些不解,说:"我是从街上听来的,大家都这么说,我也不知道是不是真的。"

"如果不知道是不是真实的,那至少它应该是善意的,你要告诉我的事是好事吗?"

学生的脸有些红了,说:"不,正好相反。"

苏格拉底不厌其烦地继续说:"那么,你这么急着要告诉我的事,是重要的事吗?"

"它……它并不是很重要……"学生羞愧地低下了头。

苏格拉底说:"既然这个消息并不重要,又不是出自善意,更不知道它是真是假,你又何必要告诉别人呢?说了也只会多造成一个人的困扰罢了。"

苏格拉底继续说:"当你要告诉别人一件事时,至少应该用这三个筛子过滤一遍!"

说话能反映一个人的智能,谨言慎行、言之有物是说话智能的最高准则,它会令人一生都受益无穷。我们不做流言的始作俑者,也不要受人利用成了是非的传播者。不要听信搬弄是非的人或诽谤者的话,因为他不会是出自善意告诉你的,他既会揭发别人的隐私,自然也会同样对待你。如果一个人犯了这样的错误,实属不该。

在日常生活中,不少人毫无心机,个性也比较直率。一个不小心说了一些不该说的话,很容易被人记恨在心,甚至实施报复。很可能,在你被害得痛苦不堪、焦头烂额的时候,还不知道原因只是当初说错的一句话。

三思而后行,这句话说得确实不假。祸从口出,有些话没有经过仔细思考,就直接说出口,很容易产生一些自己不想要的后果。因此,要学会对自己说的话负责任,不能想什么就说什么,等说出后犯了错,再后悔,那时就已经晚了。

第二节　会听会辨,不要耳根子软

会说的,不如会听的

生活中,"会听"的耳朵比"会说"的嘴更受欢迎。与其滔滔不绝地谈论自己，倒不如静下心来，听听别人说什么。我们知道，人们往往对自己的事更感兴趣，对自己的问题更在乎，更喜欢自我表现。一旦有人专心倾听我们谈论自己时，就会感到自己被重视、被尊重、被理解。而如果对方没有耐心听我们讲话，或者把我们的话当耳边风，随便敷衍，我们就不会有好的感觉。知道了这些，在以后的交流中就要耐心地听取别人的倾诉，让别人觉得你是一个值得信赖的人，是一个尊重别人的人。

连平是罗宾见到的最受欢迎的人士之一。他总能受到邀请，经常有人请他参加聚会、共进午餐、担任扶轮国际的客座发言人、打高尔夫球或网球。

一天晚上，罗宾到一个朋友家参加小型社交活动。碰巧发现连平和一个漂亮女孩坐在一个角落里。出于好奇，罗宾远远地注意了一段时间。罗宾发现那位女孩一直在说，而连平好像一句话也没说。他只是有时笑一笑，点一点头，仅此而已。

第二天，罗宾见到连平时禁不住问道："昨天晚上我在斯旺森家看见你和迷人的女孩在一起。她好像完全被你吸引住了。你怎么抓住她的注意力的？"

"很简单。"连平说，"斯旺森太太把苏珊介绍给我，我只对她说：'你的皮肤晒得真漂亮，是怎么做的？你去哪儿了呢？阿卡普尔科还是夏威夷？'

'夏威夷。'她说，'夏威夷永远都风景如画。'

'你能把一切都告诉我吗？'我说。

◇纠错能力

　　'当然。'她回答。我们就找了个安静的角落，接下来她一直在谈夏威夷。

　　今天早晨苏珊打电话给我，她说很想再见到我，因为我是最有意思的谈伴。但说实话，我整个晚上没说几句话。"

由此可见，在人际交往中，会倾听更容易受到欢迎。威廉·詹姆士说过："人类本质里最深远的驱动力是渴望自己的重要性。人类本质中最殷切的需求是渴望得到他人的肯定。"因此，人际交往的一个极为重要的法则就是时时让别人感到重要。与倾诉相比，倾听就是给人一种肯定和重要的感觉。

　　卡耐基曾被邀请参加一个桥牌集会。卡耐基不玩桥牌，在场有一位金发女郎也不玩。她发现卡耐基以前曾是罗维尔·托马斯进入无线电业之前的经理，也发现他在准备生动的旅行演讲时曾在欧洲各处转过。因此她说："卡耐基先生，我想请你把所有你去过的那些美妙的地方，全部告诉我。"

　　坐在沙发上，金发女郎说她和丈夫刚从非洲旅行回来。"非洲！"卡耐基惊叹，"多么有意思！我一直想看看非洲，但除了有一次在阿尔及利亚待了24小时以外，我从没去过。真的，我多羡慕你，请把非洲的情况告诉我。"45分钟很快就过去了。她一次也没有问卡耐基到过什么地方，看到什么。她不想听卡耐基谈论他自己的旅行，她所要的只是一个感兴趣的听众，她滔滔不绝地告诉卡耐基她到过的地方。

她与众不同吗？许多人都像她那样。我们应该聆听别人的理由至少有两个：第一，只有凭借聆听，你才能学习；第二，别人只对听他说话的人有反应。可惜，我们大部分的人很少真正记得应用它。

倾听是对他人的一种尊重、一份理解、是心与心的交流，是情感与情感的互动。倾听是对他人最好的恭维，学会倾听，才能将自己打造成为人生的智者。如果一个人在交际中一直以自己为中心，滔滔不绝地谈论自己，就会让人感到乏味和厌倦。

话说多了，就会让人生厌，也容易"祸从口出"而犯错，这时，最好的办法是学会静心倾听。注意听，给人的印象是谦虚好学，专心稳重，诚实可靠；认真听，能减少不成熟的评论，避免不必要的误解；善于听，能让你拥有丰富的人脉资源。

信言不美，美言不信

中国古代哲学《道德经》里有一句话，"信言不美，美言不信"。大意是：真实的话往往不好听，好听的话往往不真实。

在这里，"美"与"信"，就是一对矛盾。在生活，像这样的矛盾也有很多。比如，通常喜欢当面谄媚的人，也喜欢背后诋毁人。谦虚是一种美德，但太过谦虚的人可能心有奸诈；沉默是好的品行，但故意不动声色的人可能内藏阴谋。不要认为外表正直的人内心就刚正，对那些看似正人君子实则居心不良的人要学会提防。

"信言不美，美言不信"这句话，和我们现代人并不绝缘，在现实生活中，我们常常会碰到。有的人说话，说得天花乱坠，很动听，很华美，但是到头来是让你上当受骗。因为他不伪装得美一些，怎么

◇纠错能力

会打动你,让你上钩啊!所以"不信"的话经过外表"包装"变成的"美言",不就是"美言不信"了吗?相反"信言"是真实的、素朴的,不用"包装",它往往没有那种外表的美,这就是"信言不美"了。

  齐相邹忌身高八尺有余,外形容貌潇洒英俊。有一天早上,他穿戴好衣帽,照着镜子仔细端详,对他的妻子说:"我跟城北的徐公相比,谁漂亮?"他的妻子说:"您漂亮极了,徐公怎能和您相比呀!"
  城北的徐公,是齐国的美男子。邹忌不相信自己比他漂亮,就又去问他的妾说:"我和徐公谁更漂亮?"他的妾说:"徐公哪里比得上您呢!"第二天,有位客人从外面来,邹忌跟他坐着交谈,问他说:"我和徐公谁更漂亮?"客人说:"徐公不如您漂亮啊。"
  又过了一天,徐公来了。邹忌端详了他许久,自认为自己不如他漂亮;再照着镜子看自己,更觉得自己差得很远。晚上他躺在床上反复思考这件事,心想:"妻子赞美我,是因为偏爱我;妾赞美我,是因为害怕我;客人赞美我,是因为有求于我。"
  于是邹忌上朝去见齐威王,说:"我的确知道自己不如徐公漂亮。可是,我的妻子偏爱我,我的妾怕我,我的客人有求于我,所以都说我比徐公漂亮。如今齐国领土方圆千里,城池一百二十座,后妃和左右近臣没有不偏爱大王的,朝廷上的臣子没有不害怕大王的,全国没有谁不有求于大王的。由此看来,您受的蒙蔽一定是非常严重的！"

齐威王是一个很善于聆听的人。他听出了"信言不美"的道理，因此称赞说："善！"更可贵的是，齐威王不仅聆听出这是信言中的美道，而且去践行美言、美道。他下诏令："从今以后，群臣官吏百姓，能够当面指出我的过错的，可以得到上等赏赐；上书进谏我的，可以得到中等赏赐；能在公众场合批评我的，可以得到下等赏赐。"

所以，当我们面对美言时，一定要保持清醒，冷静对待；而当面对信言时，也不妨收起自我防护的盾牌，以包容的心态来接纳。这样做对我们是大有裨益的。那么，反过来说，如果我们是进谏的人，可以将信言美化一点，使得对方更好接受，从而达到目的。

奉承你是害你，指教你是爱你

听到奉承的话，很多人都会感到很开心，甚至有一点点骄傲。的确，赢得朋友的赞赏和肯定，是保持友情的最佳方式。如果朋友之间相互欣赏、相互敬重，友情也会因此而恒久、坚强。

但是，很多人的赞誉并不是发自内心的，正是因为人人喜欢被表扬，有人才会趁机吹捧你。这样的人，并不值得交往。

秦始皇在第五次巡游的途中病逝，随行的宦官赵高与宰相李斯于是伪造了一封遗诏，逼太子扶苏自杀，立胡亥为秦二世。不久赵高又杀了李斯，秦朝的政权便完全落于胡亥和赵高之手。秦

◇纠错能力

二世年龄尚小，奸臣赵高又总是在他左右排挤忠臣，秦国的实力大大减弱，赵高最后逼胡亥自杀了，另立子婴为帝。

此时，天下已经大乱。刘邦领兵攻破武关以后，长驱直入，在蓝田附近完全歼灭了秦国的兵力，一路畅通地进入秦国的国都咸阳。

进入咸阳以后，刘邦见宫殿美轮美奂，珍宝美人更是令人目不暇接，就想留在宫中感受一番皇室生活。这时候，也有一些人在他耳边说："这都是大王您的英明啊，如今大王可以苦尽甘来了！"

但武将樊哙劝他不要因小失大，好朋友张良见他不听，严词说道："我们能够来到咸阳，主要是因为秦王残暴无道。我们应该替天行道，消灭余党，推翻秦朝的奢侈和淫乐，让天下人知道艰苦朴素才能长久。现在您才占领了秦国，就要享受秦王所享受的快乐，这是'助纣为虐'的行为！"张良的话点醒了刘邦，想到自己的利欲之心差点被人挑唆，刘邦吓出一身冷汗。于是撤出咸阳，把军队驻扎在灞上。

每个人都有意志薄弱的时候，如果在这种时候听信了小人之言，那将十分危险！在社会中，一些人经常聚在一起四处游荡、吃喝玩乐、无所事事，和他们相处久了，只会让你在不知不觉中放松对自己的要求，一步步堕落，这种友情往往是建立在利益交换和虚荣的基础上的，无法牢固长久。

一般来说，你欣赏什么样的人，或者渴望被什么样的人欣赏，就是你结交朋友的标准。真正的朋友,是那种即使性格迥异,也能够相互尊重,相互欣赏的,相互信赖的人。在真正的朋友之间,就算发生一些不愉快的事情,也是值得信赖的。

怎样保持纯洁的友情,远离那些阿谀奉承的人呢?这就需要我们有原则地交朋友。如果点头之交都算是朋友,那么朋友就与普通人没有区别了。如果为了达到某种目的而交友,这种目的就不能算是原则,而依据这个标准结交的朋友,也会拿着利益的尺子来衡量你。

因此,无论何时,都要保持内心的独立和稳定,与真诚而值得信赖的人交往,远离那些奉承之人。这样才不会被奉承所迷惑,不因溢美之语而迷失自我。

巧言令色多陷阱

孔子说:"巧言令色鲜矣仁。"什么是"巧言"?讲仁义道德比任何人都头头是道,但却不脚踏实地。"令色"是指态度上好像很仁义,其实是虚伪的。

很多人都喜欢被别人逢迎奉承,但面对奉承或批评仍能泰然处之,则十分不易。所以明明知道自己的缺点和他人的缺点,待人的时候,却不一定能看到"巧言令色"。当你被人捧到高处,心中觉得很舒服,此刻就要为自己敲响警钟。

现实中有许多貌似忠厚,实际上心怀叵测的人,常常是"大奸若忠",巧言令色,对于这样的人,不能不多加防备。

李林甫是唐玄宗时期的奸相。他为人狡诈,惯于玩弄阴谋手

◇纠错能力

段,排斥、打击不附和自己的人。他拉拢讨好宦官、妃嫔,非常清楚唐玄宗的各种举动。因此,他每次都能顺着唐玄宗的心思说话,很得唐玄宗的赏识。

李林甫手握大权时,不断打击异己,排斥贤才。中书侍郎严挺之讨厌李林甫,不愿意同他交往。李林甫就在唐玄宗面前进谗言,诽谤严挺之,使其被贬为洛州刺史。

过了些日子,唐玄宗忽然想起严挺之,打算重新重用他,问李林甫:"严挺之是个人才,如今他在哪?"李林甫不动声色,退朝后急忙把严挺之的弟弟严损之找来。李林甫对严损之说:"皇上还惦记着你哥哥,今天还跟我提起他。你请他上封奏折,就说患了风湿病,要来京城治病。"严损之回家把李林甫的话对哥哥说了。

等严挺之上书唐玄宗后,李林甫又对唐玄宗说:"严挺之年事已高,又患风湿病,怕难以担当重任。皇上给他安排个闲职更利于他养病。"唐玄宗只好打消重用严挺之的想法。

李林甫和人交往,表面上甜言蜜语,嘴上说的都是好话,可是背地里,他经常耍阴谋诡计陷害人。后来,李林甫的这种虚假面具终于被人们识破了,大家都说他是一个"口有蜜,腹有剑"的人。

读史学做人,我们可以从历史人物身上学到许多为人处世的道理。从进言的角度看,真诚不佞,即便点头称是,也不是唯唯诺诺;阿谀献媚,即便自作聪明的批评,也是虚伪的变相奉迎。

因此，无论何时都要清醒明智，不被别人的蜜言所惑，切忌因为耳根子软而铸成大错，结果只会伤人又害己。

轻信他人，受害的往往是自己

轻信的错误，很多人都犯过。不同的是，有的人因轻信吃了小亏，有的人因轻信上了大当；有的人因轻信而"吃一堑，长一智"，接受教训，避免日后重蹈覆辙；有的人却"屡教不改"，一再轻信他人，付出了惨痛的代价。

轻信，或许不能算大毛病。以善心揣度他人与世事，结果自己上当、倒霉，这个弱点，人人难免，而且几乎一犯再犯。

导致轻信他人的因素颇多，忠厚善良、单纯幼稚、愚昧无知、头脑简单，以及好谀、好利、好大喜功等，都可能使人对子虚乌有、胡编乱造，或是巧设圈套之事笃信无疑，从而吃亏上当。忠厚善良、单纯幼稚的人，常以己心度人，以为别人和自己一样与人为善，全无损人害人之心，所以容易轻信人言；愚昧无知、头脑简单的人，对他人所说之事是真是假、是对是错，毫无判断能力，所以容易犯轻信之错；好利、好谀、好大喜功的人，往往被别有用心的奉承所迷，被另有企图者编造的虚假利益、虚幻的美好前景所诱，而不知其后有陷阱，故常因轻信而中了他人的诡计。

有些人考虑问题总是很简单，容易轻信别人的话，拿不定主意，总觉得"公说的有理，婆说的也有理"，结果把事情弄得一团糟。他们一般不善分辨是非，因为缺乏主见，所以对他人所持的不同观点，往往采取全盘照收的态度，取其精华，但并不去其糟粕，结果自然不

◇纠错能力

可能是一帆风顺、皆大欢喜的。他们大多心地善良、单纯，但思维或行为方式往往幼稚甚至愚蠢。因为轻信，他们会像"应声虫"一样，别人说什么就听什么，人云亦云。所以，在人际交往中，他们最容易吃亏上当、被人利用。

这个世界，真实与谎言永远并存，怀疑一切太悲观，相信一切恐怕又过于天真了。有很多事，靠个人的智力判断不了，也左右不了。我们稍稍可能把握的，大约仅限于周围的人际关系。在学习倾听与观察的同时，有些人的话切勿轻信。

不要轻信那些甜言蜜语的人。人最喜欢别人的夸奖，尽管有时做出拒绝奉承的姿态，可赞歌入耳，心里甜丝丝的，神经都会酥麻如触电。其实很多时候，某些人绞尽脑汁说出这些动听的话，只是因为他们对你有所求，当你轻信赞美的时候，你的心将不再设防，对方也就可以轻易地达到目的。

不要轻信那些喜欢许诺的人。各种各样的许愿、承诺、契约，司空见惯，如过眼云烟。回想一下那些拍胸脯答应你的事，究竟兑现了多少？事实常常低于诺言与期望。如果你真的轻信这些没有分量的许诺，抱着一丝幻想坐等对方实现承诺，结果只会耽误时间，浪费生命。

不要轻信那些爱传是非的人。有很多时候，传言可能就是谣言，如果你把这些荒谬不经的话当真，被其影响，做了错误的选择，终有一天你会后悔莫及。

怎样克服轻信的弱点呢？那就是多学多看，增长知识，在听取别人意见的同时，多动脑想一想，辨清是非后再做决定。要有"怀疑"

的精神，对自己和他人的观点多做论证，别轻易认为自己的观点都不对，别人的就是完全正确。

不轻信他人是正确的，但凡事也要有"度"，若对任何人、任何事都持绝对怀疑的态度，又会陷入"多疑"的死胡同，也是不可取的。

要给别人说话的机会

上帝造人的时候，为什么只给人一张嘴，却给人两个耳朵呢？那是为了让我们少说多听。

某电气公司的约瑟夫·韦伯，在宾夕法尼亚州一个富饶的荷兰移民地区作一次视察。

"为什么这些人不使用电器呢？"经过一家管理良好的农庄时，他问该区的代表。

"他们一毛不拔，你无法卖给他们任何东西，"那位代表回答，"此外，他们对公司火气很大。我试过了，一点儿希望也没有。"

也许真是一点儿希望也没有，但韦伯决定无论如何也要试一下，因此他敲敲那家农舍的门。

门打开了一条小缝，屈根堡太太探出头来。

"一看到那位公司代表，"韦伯开始叙述事情的经过，"她立即就当着我们的面，把门砰的一声关起来。我又敲门，她又打开；而这次，她把反对公司和对我们的不满一股脑儿地说出来。

◇纠错能力

　　"'屈根堡太太,'我说,'很抱歉打扰了您,但我们来不是向您推销电器的,我只是要买一些鸡蛋罢了。'

　　"她把门又开大一点儿,怀疑地瞧着我们。

　　"'我注意到您那些可爱的多明尼克鸡,我想买一打鲜蛋。'

　　"门又开大了一点儿。'你怎么知道我的鸡是多明尼克种?'她好奇地问。

　　"'我自己也养鸡,但我必须承认,我从没见过这么棒的多明尼克鸡。'

　　"'那你为什么不吃自己的鸡蛋呢?'她仍然有点儿怀疑。

　　"'因为我的来亨鸡下的是白壳蛋。当然,你知道,做蛋糕的时候,白壳蛋是比不上红壳蛋的,而我妻子以她的蛋糕自豪。'

　　"到这时候,屈根堡太太放心地走出来,温和多了。同时,我的眼睛四处打量,发现这家农舍有一间修得很好看的奶牛棚。

　　"'事实上,屈根堡太太,我敢打赌,你养鸡所赚的钱,比你丈夫养奶牛所赚的钱要多。'

　　"这下,她可高兴了!她兴奋地告诉我,她真的是比她的丈夫赚钱多,但她无法使那位顽固的丈夫承认这一点。

　　"她邀请我们参观她的鸡棚。参观时,我注意到她装了一些各式各样的小机械,于是我诚于嘉许,惠于称赞,介绍了一些饲料和掌握某种温度的方法,并向她请教了几件事。片刻间,我们就高兴地在交流一些经验了。

"不一会儿,她告诉我,附近一些邻居在鸡棚里装设了电器,据说效果极好。她征求我的意见,想知道是否真的值得那么干……

"两个星期后,屈根堡太太的那些多明尼克鸡就在电灯的照耀下满足地叫唤了。我推销了电气设备,她得到了更多的鸡蛋,皆大欢喜。"

事情的要点就在于,如果韦伯不是让屈根堡太太自己说服自己的话,就根本没法把电器设备卖给她!

给他人说话的机会,有时比自己唠叨不停大有价值。

学会在沉默中察言观色

"静者心多妙,超然思不群。"生活中,有一些人总是能够三缄其口,不急于表达自己的观点,而是在沉默中察言观色,审时度势。正因为如此,他们往往成竹在胸,做事胜算的概率也会更大。

相反,还有一些人总是沉不住气,不管什么时候,他们总爱说上几句,从来没有沉默过,急躁的心情已经占据了他们的心灵,他们没有时间考虑自己的处境和地位,更不会坐下来认真地思索有效的对策。因此常常因言行不慎,或者得罪了别人,或者让自己陷入困境,这是最错误的举动。

南北朝时,北周有位大将贺若敦,他多次荣立战功,因此不甘心屈居别人之下,总是想做大将军。每当看到别人晋升时,他

◇纠错能力

就很不服气，抱怨、愤恨之情溢于言表。久而久之，贺若敦引起了晋公宇文护的不满。

有一次，贺若敦又立了战功，因未得到嘉奖，他又开始到处宣扬自己的不满。晋公忍无可忍，下令让贺若敦自尽。死到临头的贺若敦开始后悔自己祸从口出，为了让儿子贺若弼不再犯同样的错误，他在死前用锥子刺破了儿子的舌头。

后来贺若弼做到了隋朝的右领大将军，他忘记了父亲的遗训，常为自己没有当上宰相而怨言不断。当职位在他之下的杨素被晋升为尚书右仆射，他也步上了父亲的"后尘"，开始大肆宣泄自己的不满之情，为此，他被捕下狱。隋文帝责备他说："你这人有三大过：一是嫉妒心太强；二是自以为是，以为别人都是错的；三是目无长官，信口胡说。"后来，隋文帝念他有功，释放了他。

然而，出狱后的贺若弼并没有吸取教训，到处宣扬自己与太子杨勇之间的关系，以此来抬高身价。不久后，杨广取代失势的杨勇成为了太子，贺若弼失去了依仗的靠山。

后来，隋文帝虽然没有杀贺若弼，但把他贬为庶人，再也没有任用他。

像贺氏父子这样遇事喜欢大发怨言的人，在我们的日常生活中随处可见。这样的人从来不知道隐忍为何物，更不知道自己逞一时之快说出的话会对自己造成什么样的不良后果。要知道，动乱的产生往往就是借由言语作阶梯的，言多必失是人们对此最通俗的注释。

沉默并不是无知，不是懦弱，更不是不爱说话，它是一种无声的力量。真正懂得沉默真谛的人，必是十分有底气和自信的人，也必是十分宽容和有耐心的人。惜字如金，不为了任何虚伪多说一个字。话说得多了，往往自己都不清楚说了些什么，稀里糊涂中自己真的失去了判断力，就更加容易因言辞偏颇而闯祸。只可惜，等意识到不应该时，此时的话已不属于你，甚至会被有的人记恨一辈子，甚至可能还会为此付出代价。

话多，不能说明人贤；话少，不能说明人愚。沉默是一种让人变得有深度、有主张的智慧，是一种虚怀若谷的做人哲学，是一种力量的蓄积和低调的美丽。

谣言总是止于智者

有一次，孔子去会见南子，子路很不高兴。他劈头盖脸地质问自己的老师，一点儿也不给孔子面子，急得孔子赌咒发誓说："我要是做了什么伤天害理的事，那真是要天打五雷轰！"

其实，子路听说孔子去见了南子，很生气的主要原因是担心老师的声誉被毁。但是，孔子并不这样认为，他说："子路啊，你不要人云亦云。难道你不知道人言可畏吗？别人说南子不好——是个天厌之人，但是我见了他就觉得他很好，并不是外面所传说的那样。"

在这里，我们能够看到一个智者的修养：背后不胡乱说他人是非，而且让谣言止于智者。关于这一点，古今中外的思想家空前一致。

◇纠错能力

谣言的危害猛于虎，它不仅伤害到一个人的声望名誉，更有可能会使人以死正身。就如，在20世纪的旧上海，阮玲玉可以说是名噪一时的名角。但是这位才华卓绝的女演员却因为不堪忍受流言蜚语而自杀，在25岁的花样年华香消玉殒。她走得匆忙，也留给我们诸多揣测。

人难免会遇到各色人等，也难免会遇到谣言，但是面对闲言碎语我们要有足够的理性，千万不能火上浇油，也不要轻易相信这些人云亦云的事物。

生活中，谣言总是依附盲从者而生存，依靠智慧者而终止。

古时候有一个姓丁的人家，家里没有井，因此整天都要浪费至少一个人的劳力到别的地方挑水。

后来，姓丁的人家决心在后院打一口井，请了很多人帮忙。他们下了很多功夫，花了许多钱，终于有自己的水井了！

有了这口井，姓丁的人家就觉得轻松多了，挑水浇园和饮用都不必到很远的地方去；入秋时，田里还大丰收。于是，他们家的人对邻居说："我家开了口井，等于得了个人！"

有人在一旁听到这话非常惊讶，以为丁家真的从井中挖出一个大活人。于是，这人就把这消息当作新闻，见到人便说："姓丁的人家打井，从井里挖了个人！"人们听了，都很惊讶，于是一传十，十传百，百传千……一时间，全国各地的人都听说了。

这话传到国王的耳朵里，国王并不相信，就叫人到丁家问这件事。

丁家的人见国王派人来查问，非常慌张。等明白了怎么回事，才松了一口气，对那人说："我们丁家打井只能得水，怎么会得人呢？所谓打井得一人，是说因为有了这口井，我们家就节约了一个劳动力啊！"

了解了事情的真相后，国王下令禁止传扬这件事。从此，才没有人再说丁家井中得人的奇事了。

将"一"说成"十"是很多人的本性。总有一些人，怀有各种各样的目的和心态，唯恐天下不乱，对于一件小小的事情都会肆意夸大，歪曲事实，并广泛传播。谣言就是依靠这群人而生存的。

我们每一个人都有责任和义务学做面对谣言的智者。真正的智者不一定要博古通今、历经坎坷，但一定要内心强大，有着健康平和的心态；真正的智者要有明辨是非的能力，不能随波逐流、人云亦云；真正的智者要有终止谣言、还原事实真相的勇气。只有这样，才能从根本上铲除谣言生长的土壤，合力营造一个清明的世界。

盲从是思维懒汉的"专利"

跟风、随大流是很多人的"通病"和习惯，也是思维懒汉的"专利"，是我们内心中难以觉察到的消极幽灵。许多人总认为多数人这样做了就一定有道理，自己何必多加考虑，随大流就是了。甚至，有时从众的习惯明显存在严重缺陷，可人们仍不愿批评它，依然盲目跟随，从而铸成大错和失败。盲从是一种被动的寻求平衡的适应，是在虚荣之风裹挟下的随大流。它源于从众，出于无奈，又有不得已而为

◇纠错能力

之的意味。

每年高考报志愿时，会看到这样的场面：很多学子在选择填报哪个学校与专业时表现得束手无策。大家纷纷想寻找"热门"专业，同时对自己能否考上也心存怀疑，所以难免会发出询问："老师，他们都填报了计算机系，你看我是不是这块料？"

在犹豫和怀疑之后，许多优秀学生最终都选择了大家趋之若鹜的"热门专业"。这种现象，是在职业选择上的典型从众心理。

一旦千军万马都去挤一座独木桥，那么就会使桥坍塌的可能性大大增加。相反，如果你能独具慧眼，另辟蹊径，见人之所未见，则往往更能适合社会的需要，也就更容易在社会上生存并取得成功。

生活中，很多人都有跟风、从众的心理特点和行为取向。

有个人一心一意想升官发财，可是从年轻熬到斑斑白发，却还只是个小公务员。这个人为此极不快乐，每次想起来就掉泪，有一天竟然号啕大哭起来。

一位新同事刚来办公室工作，觉得很奇怪，便问他因为什么难过。他说："我怎么不难过？年轻的时候，我的上司爱好文学，我便学着作诗、写文章，想不到刚觉得有点小成绩了，却又换了一位爱好科学的上司。我赶紧又改学数学、研究物理，不料上司嫌我学历太低，不够老成，还是不重用我。后来换了现在这位上司，我自认为文武兼备，人也老成了，谁知上司喜欢青年才俊。我……我眼看年龄渐高，就要退休了，却还一事无成，怎么不难过？"

可见，没有自我的生活是苦不堪言的，没有自我的人生是索然无味的，丧失自我是悲哀的。要想拥有美好的生活，自己必须自强自立，拥有良好的生存能力。没有生存能力又缺乏自信的人，肯定没有自我。一个人若失去自我，只是一味盲从，自然就与成功无缘了。

很多人都喜欢追求时髦，而有些也并不一定是自己真正喜欢的。如果你问他"为什么这样？"必答曰："别人都这样！"

盲从的人误以为："看我多机灵，不落后于他人，别人刚这么做，我就也这么做了。"

盲从是思维懒汉的"专利"，盲从的人失去了原则，往往给自己带来损失或伤害。因此，要想在生活中、事业上有所成就，就必须摆脱盲从众人的错误习惯，善于用自己的头脑思考问题，进而做出正确的人生选择。

会思辨，避免被"极端"同化

到了中午吃饭的时间，一位在写字楼工作的女孩匆匆下楼，来到她常来的地方吃午餐。她点了一份咖喱鸡饭，不消一刻，餐就送到了，她刚吃第一口，就听见有人说："服务员，这卤肉饭的鸡蛋有味，不新鲜了吧。"女孩听到后没在意，继续吃第二口，这时她又听到有人喊："服务员，我的卤蛋也有问题。"这时更多的人开始"声讨"今天的餐食，有的说米里有沙子，有的说鸡蛋不新鲜。女孩此时也吃不下了，觉得咖喱饭也很难吃，她心里很愤怒，也加入了声讨这家快餐店的行列中。她跟着大家喊了几句后，把剩下的咖喱饭打包，准备晚上回去喂狗。

◇纠错能力

下班了，女孩回到家中，把咖喱饭放在了桌上，就去厨房准备做饭。这时男朋友回来了，他一回家看到桌上有咖喱饭，顿时觉得肚中饥饿，就赶忙吃了起来。女孩听到动静，从厨房出来，看到男朋友正津津有味地吃着准备喂狗的咖喱饭，她忙说："你别吃了，这饭有怪味儿。"男孩咽下口中的饭，说："没有啊，挺香的呀。"女孩也将信将疑地过去又吃了一口，发现是没什么怪味，很好吃。

其实这咖喱饭没那么差，只是由于当时大家都在声讨那家快餐厅而已。如果女孩不加入声讨的队伍，就好像自己背叛了"民意"一样。

在心理学中有一个词叫作"群体极化"，说的就是这种现象。与群体成员单独决策相比，群体倾向于做出比较极端的决策。现实中，很多人都会因为"群体极化"而大动肝火，都会很自然地滑向群体的愤怒，而丧失自己原有的淡定。

有一年夏天，在某个城市机场候机楼内，由于等候时间过久，有一位乘客开始抱怨，随后抱怨的人越来越多。这时，那些看书的、闭目养神的乘客，也开始不淡定。有个别容易激动的人抑制不住怒火，开始和地勤人员纠缠。很快，围观起哄者、谩骂机场不作为者越来越多。此时淡定的人越来越少，大家都围在登机口要求地勤人员给说法。这时地勤人员一句生硬的言语，终于触犯了众怒，大家推到了值机台，向停机坪跑去，坐在飞机跑道上，表达自己的愤怒。

最后此事以几名乘客被治安拘留而告终，当人们询问这几个乘客时，他们表述几乎都很一致："没想到自己会做出这样的事，只是看到大家都很生气，我也很生气，莫名其妙地就跟着跑到停机坪上去了。"

群体极化就是这么可怕。它让你不知不觉地产生愤怒，做出连自己都不知道为什么会发生的行为。然而不幸的是，我们中的每个人都会被影响，甚至都可能是它的帮凶。

说到这，我们引出了应对群体极化的措施，也是避免我们被极端的人影响的措施，那就是坚持自己的判断。生而为人，最让我们自豪的就是我们能思考、能辨别，我们可以通过思考和分析产生自己的判断。越能坚持自己的判断，就越能抵制错误的行为，就越能抵挡群体极化。

第四章
做人不能太执拗，做事不可太死板

太固执难以成事，"一根筋"易铸大错

第一节　迟干不如早干，蛮干不如巧干

有一种错误叫固执

在某个小村落，下了一场非常大的雨，洪水开始淹没全村，神父在教堂里祈祷，眼看洪水已经淹到他跪着的膝盖了。一个救生员驾着舢板来到教堂，跟神父说："神父，赶快上来吧！不然洪水会把你淹死的！"神父说："不！我深信上帝会来救我的，你先去救别人好了。"

过了不久，洪水已经淹过神父的胸口了，神父只好勉强站在祭坛上。这时，又有一个警察开着快艇过来，跟神父说："神父，快上来，不然你真的会被淹死的！"神父说："不，我要守住我的教堂，我相信上帝一定会来救我的。你还是先去救别人好了。"

又过了一会儿，洪水把整个教堂淹没了，神父只好紧紧抓住教堂顶端的十字架。一架直升机缓缓地飞过来，飞行员丢下了绳梯之后大叫："神父，快上来，这是最后的机会了，我们可不愿

意见你被洪水淹死！"神父还是意志坚定地说："不，我要守住我的教堂！上帝一定会来救我的。你还是先去救别人好了。上帝会与我同在的！"

洪水滚滚而来，固执的神父终于被洪水冲走淹死了……神父到了天堂，见到上帝后很生气地质问："主啊，我终生奉献自己，战战兢兢地侍奉您，为什么你不肯救我！"上帝说："我怎么不肯救你？第一次，我派了舢板来救你，你不要，我以为你担心舢板危险；第二次，我又派一艘快艇去，你还是不要；第三次，我以国宾的礼仪待你，再派一架直升机来救你，结果你还是不愿意接受。所以，我以为你急着想要回到我的身边来，可以好好陪我。"

其实，生命中太多的障碍，皆是由于过度的固执。

有一种错误叫固执。思维定式一旦形成，有时是很悲哀的。这就是我们要不断学习新知识、新观念的原因之一。形势在不断变化，必须关注这些变化并调整行为，一成不变的观念将带来无法挽回的局面。

有些人对于约定俗成的规则，通常都是严格遵循而不敢打破。但如果能对其多问几个"为什么"，就会发觉其中会有不可理解也没有必要的陋规。事物总是不断发展变化的，如果一成不变地凭老经验办事，不注意发现新情况，就免不了会犯错，吃大亏。

一个民族最危险的是墨守成规，因循守旧，不敢变革；一个人最糟糕的是得过且过，不思进取。要打造生存的资本，就必须破除惰性：乐于接受各种新的挑战；要有实验精神，敢于废除固定的行事风格；主动前进，对每件事都要研究如何改善，对每件事都要定出更高的标准。为了改变生存方式，增加生存资本，我们就要敢于突破，敢于否定自己，敢于创造新生活。

创新的机会无处不在，无处不有。只有不断创新，才能持续成功！

没有笨死的牛，只有愚死的汉

人们都渴望成功，那么，成功有没有秘诀？其实，成功的一个很重要的秘诀就是寻找解决问题的方法。俗话说："没有笨死的牛，只有愚死的汉。"任何成功者都不是天生的，只要你积极地开动脑筋，寻找方法，终会"守得云开见月明"。

世间没有死胡同，就看你如何寻找方法，寻找出路。看看下面故事中的林松是如何打破人们心中"愚"的瓶颈，从而找到自己成功的出路。

有一年，山丘市经济萧条，不少工厂和商店纷纷倒闭，商人们被迫贱价抛售自己堆积如山的存货，价钱低到1元钱可以买到10条毛巾。

那时，林松还是一家纺织厂的小技师。他马上用自己积蓄的钱收购低价货物，人们见到他这样做，都嘲笑他是个蠢材。林松对别人的嘲笑一笑置之，依旧收购抛售的货物，并租了很大的货仓来贮存。母亲劝他不要购入这些别人廉价抛售的东西，因为他们历年积蓄下来的钱有限,而且是准备给林松办婚事用的。如果此举血本无归,那么后果便不堪设想。林松安慰她说:"3个月以后,我们就可以靠这些廉价货物发大财了。"

过了10多天后,那些商人即使降价抛售也找不到买主了,他们便把所有存货用车运走烧掉。他母亲看到别人已经在焚烧货物,不由得焦急万分,便抱怨起林松。对于母亲的抱怨,林松一言不发。

终于,政府采取了紧急行动,稳定了山丘市的物价,并且大力支持当地的经济复苏。

这时,山丘市因焚烧的货物过多,商品紧缺,物价一天天飞涨。林松马上把自己库存的大量货物抛售出去,一来赚了一大笔钱,二来使市场物价得以稳定,不致暴涨不断。

在他决定抛售货物时,他母亲又劝告他暂时不忙把货物出售,因为物价还在一天一天飞涨。他平静地说:"是抛售的时候了,再拖延一段时间,就会后悔莫及。"果然,林松的存货刚刚售完,物价便跌了下来。后来,林松用这笔赚来的钱,开设了5家百货商店,生意十分兴隆。

如今,林松已是当地举足轻重的商业巨子了。

面对问题,成功者总是比别人多想一点,老王就是这样的人。

老王是当地颇有名气的水果大王,尤其是他的高原苹果色泽红润,味道甜美,供不应求。

◇纠错能力

　　有一年，一场突如其来的冰雹把将要采摘的苹果砸了许多伤口，这无疑是一场毁灭性的灾难。然而面对这样的问题，老王没有坐以待毙，而是积极地寻找解决这一问题的方法。不久，他便打出了这样的一则广告，并将之贴满了大街小巷。

　　广告上这样写道："亲爱的顾客，你们注意到了吗？在我们的脸上有一道道伤疤，这是上天馈赠给我们高原苹果的吻痕——高原常有冰雹，只有高原苹果才有美丽的吻痕。味美香甜是我们独特的风味，那么请记住我们的正宗商标——伤疤！"

　　从苹果的角度出发，让苹果说话，这则妙不可言的广告再一次使老王的苹果供不应求。

　　世上无难事，只怕有心人。面对问题，如果你只是沮丧地待在屋子里，便会有禁锢的感觉，自然找不到解决问题的正确方法。如果将心锁打开，开动脑筋，勇敢地走出自己固定思维的枷锁，将会收获很多。

三分苦干，七分巧干

　　很多人认为，只有苦干才能成功。但无数成功者的经验表明，一个人要走向成功不能只会苦干，更要学会巧干。因为现在是"巧干"升值的时代，会比别人巧干的人将少走弯路，更快地走向成功。

　　人们常说：一件事情需要三分的苦干加七分的巧干才能完美。意思是做事要注重寻找解决问题的方法，用巧妙灵活的方法解决难题，不要一味地蛮干。也就是说，"苦"的坚韧离不开"巧"的灵活。一个人做事，若只知下苦功夫，则易走入死道，难免导致错误结局；若只知用巧，则难免缺乏"根基"，唯有三分苦加上七分巧才能更容易达到目标。

王勉是一家医药公司的推销员。一次他坐飞机回公司，竟遇到了意想不到的劫机。通过各方的努力，问题终于得以解决。就在要走出机舱的一瞬间，他突然想：劫机这样的事件非常重大，应该有不少记者前来采访，为什么不好好利用这次机会宣传一下自己公司的形象呢？

于是，他立即从箱子里找出一张大纸，在上面写了一行大字："我是××公司的王勉，我和公司的××牌医药品安然无恙，非常感谢搭救我们的人！"

他打着这样的牌子一出机舱，立即就被电视台的镜头捕捉住了。他立刻成了这次劫机事件的明星，很多家新闻媒体都争相对他进行采访报道。

他回公司的时候，受到了公司的隆重欢迎。原来，他在机场别出心裁的举动，使得公司和产品的名字几乎在一瞬间家喻户晓了。公司的电话都快被打爆了，客户的订单更是一个接一个。董事长当场宣读了对他的任命书：主管营销和公关的副总经理。事后，公司还奖励了他一笔丰厚的奖金。

王勉的故事，说明了一个道理：做任何事情，都要将"苦"与"巧"巧妙结合。正所谓"三分苦干，七分巧干"，"苦"在卖力，

◇纠错能力

"巧"在灵活地寻找方法，只有这样，才最容易找到走向成功的捷径。陈良的故事就说明了这个道理。

陈良出生在一个穷困的山村，从小家里就很困难。18岁那年，他独自一人带着几个窝窝头，开始到城里去谋生。

城里的工作本来就不好找，加上他学历不高，要想找到一份好的工作是难上加难。后来，他好不容易在建筑工地找到了一份打杂的活。一天的工钱是120元钱，为了接济家人，他每天都省吃俭用。

尽管生活艰难，但陈良还是不断地鼓励自己会有出人头地的一天。为此，他付出了比别人更多的努力。两个月后，他被提升为材料员，工资也提升了一点。

靠着自己的不懈努力，他初步站稳了脚跟。之后，他就开始重视方法。他认为：要在新岗位站稳脚跟，得到大家的认可，就不能只靠苦干，更要靠巧干。那么，怎样才能做到这点呢？

冥思苦想之后，陈良终于想到了一个点子。工地的生活十分枯燥，他想，能不能让大家的业余生活过得丰富一点儿呢？想到这，他拿出自己省下来的一点儿钱，买了《三国演义》《水浒传》等名著，认真阅读后，就给大家讲故事。这样一来，晚饭后，总是大家最开心的时间。每天，工地上都洋溢着工友们欢乐的笑声。

一天，老板来工地检查工作，发现陈良有非常好的口才，于是决定将他提升为公关业务员。一个小点子付诸实践后就能有这样的效果，陈良极受鼓舞。于是，他便主动找方法，并运用到工作的各个方面。慢慢地，他成了领导的左膀右臂。

很快，陈良等来了一个创业的良机。有一天，工地领导告诉他，公司本来承包了一个工程，但由于各种原因，难度太大，决定放弃。

作为一个凡事都爱"三分苦干，七分巧干"的人，陈良力劝领导别放弃。领导看着他充满热情，突然说了一句话："这个项目我没有把握做好。如果你看得准，由你牵头来做，我可以为你提供帮助。"

陈良几乎不敢相信自己的耳朵，这不是给自己提供了一个可以自行创业的绝好机会吗？他毫不犹豫地接下了这个项目，然后信心百倍地干了起来。但遇到的困难是出乎意料的，仅仅是报批程序中需要盖的公章就有15个，但他还是想尽办法，一个个都盖下来了。终于项目如期完成了，陈良掘到了人生的第一桶金。

不久，陈良便成立了自己的建筑公司，并且事业做得越来越大。

牛角尖里不会有出路

在我们周围，总会有一些钻牛角尖的人，他们说话做事只认死理而不懂变通，在很多事情上自然难免犯错或者出现失败。任何事物的发展都不是一条直线，聪明人能看到直中之曲和曲中之直，并通过迂回应变，进而达到既定的目标。而爱钻牛角尖的人就很难实现目标，甚至还会付出生命的代价。

◇纠错能力

商朝时期，伯夷、叔齐是孤竹君的两个儿子。父亲想要立叔齐为国君，等到父亲死了，叔齐要把君位让给伯夷。伯夷说："这是父亲的遗命啊！"于是逃走了。叔齐也不肯继承君位逃走了。国人只好拥立孤竹君的其他儿子为君。这时，伯夷、叔齐听说西伯昌能够很好地赡养老人，就想何不去投奔他呢！可是到了那里，西伯昌已经死了，他的儿子武王追尊西伯昌为文王，并把他的木制灵牌载在兵车上，向东方进兵去讨伐殷纣。伯夷、叔齐勒住武王的马缰谏诤说："父亲死了不葬，就发动战争，能说是孝顺吗？作为臣子去杀害君主，能说是仁义吗？"武王身边的随从们要杀掉他们俩。太公吕尚说："这是有节义的人啊。"于是搀扶着他们离去。

等到武王平定了商纣的暴乱，天下都归顺了周朝，可是伯夷、叔齐却认为这是耻辱的事情，他们坚持仁义，不吃周朝的粮食，隐居在首阳山上，靠采摘野菜充饥。到了快要饿死的时候，作了一首歌，那歌词是："登上那西山啊，采摘那里的薇菜。以暴臣换暴君啊，竟认识不到那是错误。神农、虞、夏的太平盛世转眼消失了，哪里才是我们的归宿？唉呀，只有死啊，命运是这样的不济！"于是饿死在首阳山上。

追求仁德是圣贤所为，但凡事都不应钻牛角尖，伯夷、叔齐就是因为太强调仁德不会变通，才饿死在首阳山上。

牛角尖里不会有出路。在很多事情上，我们要学会绕圈的策略，讲究迂回的手段，特别是在与强劲的对手交锋时，迂回的手段高明、精到与否，往往是能否在较短的时间内由被动转为主动的关键。

美国著名企业家李·艾柯卡在担任克莱斯勒汽车公司总裁时，为了争取到10亿美元的国家贷款以解公司之困，他在正面进攻的同时，采用了迂回包抄的方法。一方面，他向政府提出了一个现实的问题，即如果克莱斯勒公司破产，将有60万左右的人失业，第一年政府就要为这些人支出27亿美元的失业保险金和社会福利开销，政府到底是愿意支出这27亿呢，还是愿意借出10亿极有可能收回的贷款？另一方面，对那些可能投反对票的国会议员们，艾柯卡吩咐手下为每个议员开列一份清单，清单上列出该议员所在选区所有同克莱斯勒有经济往来的代销商、供应商的名字，并附有一份万一克莱斯勒公司倒闭，将在其选区造成的经济后果的分析报告，以此暗示议员们，若他们投反对票，因克莱斯勒公司倒闭而失业的选民将怨恨他们，由此也将危及他们的地位。

这一招果然很灵，一些原先强烈反对给克莱斯勒公司提供贷款的议员闭了嘴。最后，国会通过了由政府支持克莱斯勒公司15亿美元的提案，比克莱斯勒公司原来要求的多了5亿美元。

俗话说："变则通，通则久。"在一些暂时没有办法解决的事情面前，我们应该学着变通，不能死钻牛角尖，此路不通就换另一条路。有更好的机会就赶快抓住，不能一条道走到黑。生活不是一成不变的，有时候我们转过身，就会发现，原来身后也藏着机遇，只是当

◇纠错能力

时我们赶路太急,忽略了那些美好的事物。

量力而行,匹夫之勇不可逞

什么是不逞强?人们对此有不同的理解。有的人认为这是一种退缩和消沉,有的人认为是依据实际的量力而行,其实真正的不逞强就是正视现实、实事求是,不抱任何偏见地正确理解、评价自我。这种不逞强并不是放弃追求,而是退一步去重新审视局势;这种不逞强能使自己的心灵空间更广阔,且能让自己的心灵得以充分的休息调整,以便更好地寻求成功的契机。

两个人在江边游泳时,面对水流湍急的江面打起赌来,一个人为了"面子",转身扑入江水,结果送掉了自己的生命;另一个人实事求是地甘愿服输,免除了大祸。这个送命的人是县里的游泳健将,他对这条江的水流也比较熟悉。许多人都知道此时不能下水游泳,而他却置之不理。

美国有一名登山运动员不远万里来到珠穆朗玛峰,他准备了几年,最大的愿望就是能够冲顶,而且向外界公布了他的愿望。但是他在登到海拔7000米时,山上的气候恶化,虽然此时他体力仍然十分充沛,完全有能力冲顶,但是在常识面前,他毅然选择了退却,撤回到营地。许多人对他的行为表示不解,但他却说:"7000米对我来说,也是一个奇迹。"一个狂热的登山运动员能在唾手可得的胜利面前认输,这需要勇气。

在我们的生活中，一个人一旦被光环笼罩，就违背了自己真实的初衷，不再为自己的心意所使，而为名誉地位所累。只愿上，不愿下，他们为了面子和荣耀，无法收手，结果造成大错，败得一塌糊涂。如故事中的游泳健将当时如果能认输，就不会送掉自己的生命。所以，他不是死于江中，而是死在自己无所畏惧的错误勇气里。

不逞强不是自甘消沉，它有积极进取的内涵，使人以退为进，赢得潜心发展的主动权，进而扬长避短，夺取成功。如果硬认死理，逞强好胜，盲目蛮干，只会给自己带来不必要的伤害甚至牺牲，最终会输掉自己。只有做到审时度势，随机应变，才能保护自己，立于不败之地。

所以，不逞强是一种自我认识，一种积极的自我评价。在与别人竞争时，认同他人优势的同时，也看到了自己的缺陷与不足。面对自己的缺陷与不足，只有学会不逞强，才能避免铸成大错；只有学会不逞强，才能及时调整人生航向，去争取"赢"的机遇和时间。

变化的世界，需要灵活的头脑

世间万物都在变。一个人如果固执己见，就会落后，就会无法生存。只有懂得事变我变者，方可更好地生存。成功离不开变通，很多人之所以处处碰壁，最重要的原因就是不能适应这个变化的世界。

下面故事中的主人公张娜是一个善于变通，能够解决问题的高手，正是这种遇到困难找方法的精神造就了她事业上的成功。

几年前，张娜还是一家建筑材料公司的业务员。当时公司最

◇纠错能力

大的问题是如何讨账。公司产品不错,销路也不错,但产品销出去后,总是无法及时收到货款。有一位客户,买了公司10万元产品,但总是以各种理由迟迟不肯付款,公司派了三批人去讨账,都没能拿到货款。

张娜刚到公司上班不久,就和另外一位姓张的员工一起,被派去讨账。他们软磨硬泡,想尽了办法,最后,客户终于同意给钱,叫他们过两天来拿。

两天后,对方给了他们一张10万元的现金支票。他们高高兴兴地拿着支票到银行取钱,结果却被告知,账上只有99000元,很明显,对方又耍了个花招,给他们的是一张无法兑现的支票。第二天就要放春节假了,如果不及时拿到钱,不知又要拖延多久。

遇到这种情况,一般人可能一筹莫展了,但是张娜突然灵机一动,拿出1000元,让同去的小张存到客户公司的账户里去。这一来,账户里就有了10万元。她立即将支票兑了现。当她带着这10万元回到公司时,董事长对她大加赞赏。之后,她在公司不断发展,5年之后当上了公司的副总经理,后来又当上了总经理。

同张娜一样,许多成功者成功的秘诀就在于善于变通。只有适时做出改变,才能克服困难,走向成功。美国名人罗兹说:"生活的最大成就是不断地改造自己,以使自己悟出生活之道。"由此可知,变通就是我们遇到困难和变化时所采取的方法和手段。这种方法和手段有这样两大特点:一是根据客观情况的变化而改变自己。二是深刻理解了变化原因之后，努力去引导变化、驾驭变化。

日本在丰臣秀吉当政时期，有一次，一场暴雨使得河坝溃决。当时情况非常危险，丰臣秀吉立刻赶到现场指挥，鼓舞部下的士气。然而溃决的河堤必须用砂石袋才能堵塞得住，而砂石袋的制作需要很长时间，雨势却愈来愈凶猛，水位也跟着逐渐上涨。

就在大家议论纷纷、束手无策的时候，石田三成跑过来，他打开米仓，命令将士们将米袋搬出来，去堵塞堤坝的决口。由于这项随机应变的措施，避免了一场大灾难的发生。不久，雨势渐缓，水位也下降了。这时，石田三成发布声明：如果附近的居民能够制造出可以堵住河堤缺口的砂石袋，就用大米做奖赏。周围的人纷纷响应，制造了许多坚固的砂石袋，因此在很短的时间内，堤防就修好了，而且比以前更加牢固。看到这种情形，丰臣秀吉赞叹不已。

一位成功学大师说："历史上的伟人，第一等智慧的领导者，晓得下一步是怎么变，便领导大家跟着变，永远站在变的前头；第二等人是应变，你变我也变，跟着变；三等人是人家变了以后，他再以比别人变得更快的速度追上去，并超越人家。"

想做一名成功者，就必须不停地做出调整，不停地适应社会的变化，这样才能打破常规迈出成功的一步。有许多满怀雄心斗志的人毅力很坚强，但是由于不会积极地适应多变的环境因而无法成功。我们

◇纠错能力

改变不了过去,但可以改变现在;我们很难改变环境与问题,但可以改变自己。擦亮发现的眼睛,变换思维的角度,驾驭千变万化。

第二节 遇到问题不可怕,变通学问大

要摆脱"拘泥"的思想

在不断变化的社会中,一个人要想在事业上取得一定成就、做出一定的贡献,光靠一些老方法、老套路是很难成功的。当站在一条有无数人走过的路上,遥望着难以企及的成功目标时,你应该放下执拗和古板,转变注意力去寻找另一条更近的新路,而不是倔强地在看不到前途的老路上浪费时间。古往今来,有太多的人因为拘泥于固化的思想,而导致一事无成甚至遭遇不幸。

战国时代,有施氏和孟氏两家邻居。

施家有两个儿子,一个儿子学文,一个儿子学武。学文的儿子去游说鲁国的国君,阐明了以仁道治国的道理,鲁国国君重用了他。那个学武的儿子去了楚国,那时楚国正好与邻邦作战,楚王见他武艺高强,有勇有谋,就提升他为军官。施家因两个儿子显贵,满门荣耀。

施氏的邻居孟氏也有两个儿子。这两个儿子也是一个学文,一个学武。孟氏看见施氏的两个儿子都成才了,就向施氏讨教,施氏向他说明了两个儿子的经历。孟氏记在心里。

孟氏回家后,也向两个儿子传授机宜。于是,他那个学文的

儿子就去了秦国，秦王当时正准备吞并各诸侯，对文道一点儿也听不进去，认为这会阻碍他的大业，就将这个儿子逐出秦国。他学武的儿子到了赵国，赵国早已因为连年征战，民困国乏，厌烦了战争。这个儿子的尚武精神引起了赵王的厌烦，也被赵王逐出了赵国。

孟氏之子与邻居的儿子条件一样，却形成两种结果，这是为什么呢？这是因为孟氏之子不懂得权衡变化，不懂得见机行事，才遭此惨事的。

现实生活中，很多人和故事中的孟氏之子一样，思维僵化固执，不能适应变化，总是重走老路，而导致自己生活不幸的情况时有发生。

在我们成长的过程中，存在着无数肉眼看不见的链条，这些链条禁锢着我们的思维，扼杀了我们思考的勇气，以及我们智慧创新的萌芽，让我们在前进的道路上走得步履蹒跚。

这些链条经常表现为习惯、经验和没有任何道理的"想当然"。在这些专制的链条的捆绑下，我们难以获得成功。很多时候，我们开始向环境低头，甚至于开始认命、怨天尤人，岂不知这一切都是自己心中那条系住自我的铁链在作祟。

因此，我们更需要的是能够放弃循旧，清醒而灵活地权衡利弊，做最正确的判断，选择属于自己的正确方向。同时，别忘了随时检查和审视自己选择的角度是否产生偏差，适时地进行调整，别只凭一套"亘古不变"的哲学，便想闯过人生所有的关卡。

◇纠错能力

我们还要时时留意自己执着的信念是否与成功的法则相抵触。追求成功，并非意味着必须全盘放弃自己的执着，去迁就成功法则。只需在意念上做灵活的修正，使之契合成功者的内蕴，即可走上轻松的成功之道。

不善于改变思维，就根本不可能找到成功的路径。因为改变思维是改变自己的内在基础，只有运用头脑，积极思考，勇于变通，才可能实现自己的人生目标。要记住：我们的思维比身体更需要自由呼吸！

勇于尝试，打破思维定式

一艘远洋海轮不幸触礁，沉没在汪洋大海里，8位船员拼死登上一座孤岛，才得以幸存下来。

但接下来的情形更加糟糕，岛上除了石头还是石头，没有任何可以用来充饥的东西。更要命的是，在烈日的暴晒下，每个人都口渴得冒烟，水成为最珍贵的东西。

尽管四周是水——海水，可谁都知道，海水又苦、又涩、又咸，根本不能用来解渴。当时8个人唯一的生存希望是下雨或过往的船只发现他们。

几天过去了，没有任何下雨的迹象，没有任何船只经过这个岛。渐渐地，7位船员支撑不下去了，他们纷纷渴死在孤岛上。

当最后一位船员快要渴死的时候，他实在忍受不住了，扑进海水里，"咕嘟咕嘟"地喝了一肚子水。船员喝完海水，一点儿觉不出海水的苦涩，相反觉得这海水甘甜还解渴。他想：也许这是临死前的幻觉吧,便躺在岛上等待着死神的降临。

他睡了一觉,醒来后发现自己还活着。船员非常奇怪,于是他每天靠喝这岛边的海水度日,终于等来了救援的船只。

当人们化验这水时发现,由于有地下泉水的不断翻涌,实际上,这里的海水是可口的泉水。

前面7位船员死于自己的思维定式,实在可悲。被自己的思维定式困住的人,将永远被他人的意见和价值观左右,永远不可能有闪光的思想和新颖的创意。勇于尝试,打破思维定式,对任何人来讲都至关重要。

打破常规、独立思考的习惯一旦形成,就会产生巨大的力量。爱因斯坦也非常重视独立思考,他说:"人们解决世上所有问题用的是大脑的思维本领,而不是照搬书本。"因此,敢于打破思维定式,积极而独立的思考,才会使你越来越接近成功。

有一家大公司决定扩大经营规模,高薪聘请营销人员。广告一打出来,报名者云集。

面对众多应聘者,公司招聘负责人说:"相马不如赛马。为了选拔出高素质的营销人员,我们出一道实践性的试题,就是想办法把梳子尽量多地卖给和尚。"

绝大多数应聘者感到困惑不解,甚至觉得这很荒唐。没过一会儿,应聘者几乎散尽,最后只剩下三个应聘者:甲、乙、丙。负责人对他们交代:"以十日为限,届时请各位将销售成果报给

◇纠错能力

我。"

十日期限到。

负责人问甲："卖出去多少？"答："一把。""怎么卖的？"

甲说自己受到了众和尚的责骂和追打，幸好在下山途中遇到一个小和尚一边晒太阳，一边使劲儿挠着又脏又厚的头皮。甲灵机一动，赶忙递上了梳子，小和尚用后满心欢喜，于是买下一把。

负责人又问乙："卖出去多少？"答："十把。""怎么卖的？"

乙说他去了一座名山古寺，由于山高风大，进香者的头发都被吹乱了。乙找到了寺院住持说："蓬头垢面是对佛的不敬，应在香案上放把梳子，供善男信女梳理头发。"住持采纳了乙的建议，于是买下了十把梳子。

负责人又问丙："卖出去多少？"答："一千把。"负责人惊问："怎么卖的？"

丙说他到一个久负盛名、香火旺盛的深山宝刹，朝圣者如云，施主络绎不绝。丙对住持说："凡来进香朝拜者，多有一颗虔诚之心，宝刹应有所回赠，以作纪念，保佑其平安吉祥，鼓励其多做善事。我有一批梳子，您的书法超群，可先刻上'积善梳'三个字，然后便可成为赠品。住持大喜，立即买下一千把梳子。得到'积善梳'的施主和香客很是高兴，自此朝圣者更多，香火也更旺了。住持还希望我再多卖一些不同档次的梳子，以便分层次赠给各种类型的施主和香客。"

任何一个创造成就的人，都是战胜常规思维的高手。他们不被过去的思维所困扰，能突破思维定式的束缚，取得创新硕果。很多人抱怨思维受阻、灵感枯竭，拿不出好的创意，其实，思维没有界限，界限都是人在心里给自己设的。经验和常识可以帮助我们缩短探索的过程，少走很多弯路，但有时候也会把人们带进"习惯"的盲区。当思路受阻时，不妨丢弃经验，寻求没有先例的办法和措施去分析事物，从而获得新的方法，提高人的认识能力。

老观念不一定对，新想法不一定错，只要打破心理枷锁，突破思维的桎梏，一样可以成功。

"约拿情结"一定要克服

"约拿情结"的典故出自《圣经》，高度概括了人的一种状态。人渴望成功又害怕面对成功，内心一直在积极与消极的两端徘徊。其实，这种心理迷茫状态来源于内心深处的恐惧感，而这种深层的恐惧心理，也成了人生最严重的致命伤。

约拿是《圣经》中的人物。据说上帝要约拿到尼尼微城去传话，这本是一种崇高的使命和荣誉，也是约拿平素所向往的。但一旦理想成为现实，他又感到一种畏惧，觉得自己不行，想回避即将到来的成功，想推却突然降临的荣誉。这种在成功面前的畏惧心理，心理学家们称之为"约拿情结"。

约拿情结是一种普遍的心理现象。我们想取得成功，但成功以后，又总是伴随着一种心理迷茫。我们既自信，又自卑，我们既对杰出人物感到敬仰，又总是心怀一种敌意。我们敬佩最终取得成功的

◇纠错能力

人,而对成功者又怀有一种不安、焦虑、慌乱和嫉妒。我们既害怕自己最低的可能性,又害怕自己最高的可能性。

说到底,"约拿情结"是一种内心深层次的恐惧感。这种恐惧感往往会破坏一个人的正常能力。

恐惧使创新精神陷于麻木;恐惧毁灭自信,导致优柔寡断;恐惧使我们动摇,不敢做任何事情;恐惧还使我们怀疑和犹豫。恐惧是能力上的一个大漏洞,而事实上,有许多人把他们一半以上的宝贵精力浪费在毫无益处的恐惧和焦虑上了。

恐惧虽然阻碍着人们力量的发挥和生活质量的提高,但它并非不可战胜。只要人们能够积极地行动起来,在行动中有意识地纠正自己的恐惧心理,那它就不再会成为我们的威胁。

勇敢的思想和坚定的信念是治疗恐惧的天然药物,勇敢和信心能够中和恐惧,如同在酸溶液里加一点碱,就可以破坏酸的腐蚀力一样。

对此,我们不妨多加了解一下。

有一个文艺作家对创作抱着极大的野心,期望自己成为大文豪。美梦未成真前,他说:"因为心存恐惧,我眼看一天过去了,一星期、一年也过去了,仍然不敢轻易下笔。"

另有一位作家说:"我很注意如何使我的心力有技巧、有效率地发挥。在没有一点灵感时,也要坐在书桌前奋笔疾书,像机器一样不停地动笔。不管写出的句子如何杂乱无章,只要手在动就好了,因为手到能带动心到,从而慢慢地将文思引出来。"

初学游泳的人,站在高高的水池边要往下跳时,都会心生恐惧。

如果壮大胆子，勇敢地跳下去，恐惧感就会慢慢消失，反复练习后，恐惧心理就不复存在了。

倘若很神经质地怀着完美主义的想法，进步的速度会受到限制。如果一个人恐惧时总是这样想："等到克服了恐惧心理时再来跳水吧，我得先把害怕退缩的心态赶走才可以。"这样做的结果往往是把精神全浪费在消除恐惧感上了。

这样做的人一定会失败，为什么呢？人类心生恐惧是自然现象，只有亲自行动才能将恐惧之心消除。不实际体验，只是坐待恐惧之心离你远去，自然是徒劳。

在不安、恐惧的心态下仍勇于作为，是克服神经紧张的处方，它能使人在行动之中，获得活泼与生气，渐渐忘却恐惧心理。只要不畏缩，有了初步行动，就能带动第二、第三次的出发，如此一来，心理与行动都会渐渐走上正确的轨道。

做不到的，那就先后退

如果前方的横栏已经超过了你的极限，那么不妨先后退一步，等到蓄积了更多的力量，再来挑战。

"没有做不到的事情，只有想不到的事情。"教育工作者为了鼓励学生敢作敢为，经常用上这句话。所以经常看到有些人不顾一切地向前冲，即使已经撞到南墙了，也以为自己一定可以把南墙撞出个洞来。

可是在生活中，很多事情并不是我们努力了就一定能做好的，也不是一路向前冲就一定能够到达理想的目的地。如果环境和其他的外

◇纠错能力

在条件不允许,或者说我们的坚持有可能给自己带来错误和灾难的时候,不如先往后退一步,保存实力,以备来日之需。

  汉惠帝六年,相国曹参去世。陈平升任左丞相,安国侯王陵做了右丞相,位在陈平之上。
  王陵、陈平并相的第二年,汉惠帝去世,太子刘恭即位。少帝刘恭还是个婴儿,不能处理政事,吕太后名正言顺地替他临朝,主持朝政。
  吕太后为了巩固自己的统治,打算封自己娘家侄儿为诸侯王,首先征询右丞相王陵的意见。王陵性情耿直,直截了当地说:"高帝(刘邦的庙号)在世时,杀白马和大臣们立下盟约,非刘氏而王,天下共击之。现在立姓吕的人为王,违背高帝的盟约。"
  吕后听了很不高兴,转而询问左丞相陈平的看法。陈平说:"高帝平定天下,分封刘姓子弟为王,现在太后临朝,分封吕姓子弟为王也没什么不可以。"吕后点了点头,十分高兴。退朝以后,王陵责备陈平为奉承太后愧对高帝。听了王陵的责备,陈平一点儿也没生气,而是真诚地劝了王陵一番。
  陈平看得很清楚,在当时的情况下,根本不可能阻止吕后封诸吕为王,只有保住自己的官职,才能和诸吕进行长期的斗争。因此,眼前不宜触怒吕后,暂且迎合她,以后再伺机而动,方为上策。
  事实证明,陈平采取的斗争策略是高明的。吕后恨直言进谏的王陵不顺她的旨意,假意提拔王陵做少帝的老师,实际上夺去了他的相权。王陵被罢相之后,吕后提升陈平为右丞相,同时任命自己的亲信辟阳侯审食其为左丞相。陈平知道吕后狡诈阴毒、生性多疑,栋梁干臣如果锋芒毕露,就会因为震主之威而遭到疑忌,导致不测之祸,必须韬光养晦,使吕后放松警觉才能保住自己的地位。

吕后的妹妹吕须恨陈平当初替刘邦谋划擒拿她的丈夫樊哙,多次在吕后面前进谗言:"陈平做丞相不理政事,每天老是喝酒,和女人游乐。"

吕后听人报告陈平的行为,喜在心头,认为陈平贪图享受,不过是个酒色之徒。一次,她竟然当着吕须的面,和陈平套交情说:"俗话说,女人和小孩子的话,万万不可听信。您和我是什么关系,用不着怕吕须的谗言。"

陈平将计就计,假意顺从吕后。吕后封诸吕为王,陈平无不从命。他费尽心机固守相位,暗中保护刘氏子弟,等待时机恢复刘氏政权。

公元前180年,吕后一死,陈平就和太尉周勃合谋,诛灭吕氏家族,拥立代王为孝文皇帝,恢复了刘氏天下。

压力面前后退一步,可为自己赢得生存和发展的机会。千万不可为了一时意气盲目向前,那样既于事无补,又让自己反受其害。

见机行事,人生不易碰壁

人际交往有着诸多复杂的关系蕴藏其中,这就需要我们在说话、

◇纠错能力

办事上都要能够"察言观色",能够紧随事情态势见机行事,只有这种功夫练得深厚了,才能恰到好处地解决好所临之事。

宋代罗大经的《鹤林玉露·临事之智》中云:"大凡临事无大小,皆贵乎智。智者何?随机应变,足以得患济事者是也。"从一定意义上说,智者便是能随机应变、见风使舵之人。

历史上,大太监李莲英在民间传说中大都是反面的,但是我们却不得不承认,他具有相当深厚的见机行事、善于应变之功。他为人机灵、嘴巧,善于取悦慈禧,这种机灵常常为慈禧和下属解脱困境。我们不妨来看其中一例:

慈禧爱看京戏,且常以小恩小惠赏赐艺人一点儿东西。一次,她看完杨小楼的戏后,把他召到眼前,指着满桌子的糕点说:"这些赐给你,带回去吧!"

杨小楼叩头谢恩,他不想要糕点,便壮着胆子说:"叩谢老佛爷,这些尊贵之物,奴才不敢领,请……另外恩赐点……"

慈禧心情好,并未发怒,反而好情致地问他"要什么"。

杨小楼又叩头说:"老佛爷洪福齐天,不知可否赐个字给奴才。"

慈禧听了,一时高兴,便让太监捧来笔墨纸砚。慈禧举笔一挥,就写了一个"福"字。

站在一旁的小王爷看了慈禧写的字,悄悄地说:"福字是'示'字旁,不是'衣'字旁!"杨小楼一看,思忖着:这字写错了,若拿回去必遭人议论,岂非有欺君之罪,不拿回去也不

· 128 ·

好，慈禧一怒就会要了自己的命。要也不是，不要也不是，他一时急得直冒冷汗。

看到自己所犯的低级错误，慈禧太后也觉得挺不好意思，既不想让杨小楼拿走错字，又不好意思再要过来，气氛也因此紧张起来。

旁边的李莲英脑子一动，笑呵呵地说："老佛爷之福，比世上任何人都要多出一'点'呀！"杨小楼一听，脑筋转过弯来，连忙叩首道："老佛爷福多，这万人之上之福，奴才怎么敢领呢！"慈禧正为下不了台而发愁，听这么一说，急忙顺水推舟，笑着说："好吧，隔天再赐你吧！"

所谓"伴君如伴虎"，在老佛爷面前要是说错了话，很可能会性命难保。而李莲英却深谙见机行事、顺势说话的本事，巧妙地为二人解脱了窘境。

我们每个人每天都要处理各种各样复杂烦琐的事情，要与不同的人交涉不同的事宜，要把握时时刻刻的形势，高超的应变能力是我们不可缺少的能力之一。再者，随着社会竞争的加剧，人们所面临的变化和压力与日俱增，努力提高自己的应变能力，对保持健康的心理状况也有很大的帮助作用。

记住，聪明的人一定是能够把握时机、顺应形势的人。

遇到困境，绕着走会更有效

人的发展永远都离不开机会，要想自己能够把握机会、迎合机

◇纠错能力

会、创造机会,那么我们就必须不停地开动脑筋,运用智慧,否则,就有可能会被时代所淘汰。西方有一句谚语:"上帝在关上一道门时,就会在别处给你打开一扇窗。"陆游说:"山重水复疑无路,柳暗花明又一村。"当身处困境时,只要我们不拒绝变化,善于运用变通的思维方式,学会绕着走,就能抓住机会,走出困境,进入新的天地。

  在法国的历史上,曾经有很长一段时间土豆种植都没有得到推广。宗教迷信者不欢迎它,给它起了个怪名字——"鬼苹果";医生们认定它对健康有害;农学家断言,种植土豆会使土壤变得贫瘠。

  然而,法国著名农学家安瑞·帕尔曼切曾在德国吃过土豆,觉得土豆是一种很好的食品,于是决定在法国推广培植它。可是,过了很长一段时间,他都未能说服任何人。

  面对人们根深蒂固的偏见,他一筹莫展。后来,帕尔曼切决定借助国王的权力来达到自己的目的。1787年,他终于得到了国王的许可,在一块出了名的低产田上栽培土豆。帕尔曼切发誓要让这不受人欢迎的"鬼苹果"走上大众的餐桌!

  他要了个小小的花招——请求国王派出一支全副武装的卫队,白天晚上轮流值班,对那块土地严加看守。这异常的举动撩拨起人们强烈的偷窥欲。此举的确显得十分神秘,一块土豆地怎么会派哨兵日夜把守呢?周围的农民无不好奇,不断地趁着士兵的"疏忽"而溜进去偷土豆,小心翼翼地把偷来的土豆拿回去研究，种在自家地里，精心侍弄，看到底有何不同。哨兵对周围的农民偷土豆，表面上似乎严禁，实际上则睁一只眼闭一只眼。当周围农民种的土豆获得丰收之后，所谓的"鬼苹果"的优点也就广为人知了。

就这样，通过这个巧妙的主意，土豆在法国普及开来，很快成为最受法国农民欢迎的农作物之一。

陷入了困境的时候，我们不要消沉、不要焦虑，要用清醒的大脑问问自己：这件事情真的就这么难吗？再问问自己：难道没有更容易的办法了吗？之后，再做出如何解决的方案，此时的方案和没有思考之前相比，一定是更优的；而如果再多问自己几个问题，那么最佳答案也就现身了。记住：绕着走的思维可以摆脱生活道路上的一切障碍，让你成功地到达目的地。

同样的境遇，同样的路障，有的人能绕开路障，成就伟业；有的人却徘徊不前，碌碌无为一辈子，原因就在于变通思维的差异。其实，成功的机会无处不在，只是它更青睐善于思考、善于绕着走的人。

不一定非要按常理出牌

我们在生活中会遵循一些约定俗成的办事规则，凡事都要讲求常理，也要合乎常情。宋朝大儒陆象山先生曾说过："东海有圣人出焉，此心同、此理同也；至西海南海北海有圣人出，亦莫不然。千百世之上有圣人出焉，此心同、此理同也；至于千百世之下有圣人出，

◇纠错能力

此心此理亦无不同也。"可见，我们的确是一个重视常理的民族。

所谓的"常理"又指什么呢？顾名思义，常理就是从经常性的现象所总结出来的道理。然而，常理就一定是真理吗？事实上，有时候，常理是一种束缚，我们不按牌理出牌，往往能收到意想不到之功。

汉光武帝刘秀时期，大将高峻自恃人强马壮不将刘秀放在眼里。对此，刘秀当然心怀憎恶，便决心除此祸患，于是派寇恂率军前往讨伐。临行前，刘秀对寇恂说："最好能招降，若他不从便将其剿灭。"

高峻得知刘秀派寇恂来镇压自己，便派军师皇甫文出城拜见寇恂，以便探探朝廷的口风。

皇甫文见到寇恂之后，态度傲慢无礼，不行跪礼不说，还口出狂言道："别说是你，就是刘秀小儿在此，我也不跪！"

寇恂拍案大怒，示意左右将其推出去斩首。众武官忙拦阻道："将军，万万不可，两兵交战，来使斩不得！"

寇恂没有听从众人的劝告，执意将皇甫文斩首示众了。同时，他告诉皇甫文的副使道："回去告诉高峻，他的狗头军师已经被我斩了，若投降就赶快投降，若不降就等着我攻城吧！"

副使连滚带爬地跑回去把这件事告诉了高峻。高峻一听，当时吓得半死，不日便大开城门投降了寇恂。

事后，众将领问寇恂道："当日，高峻严守城池，一点儿也不像投降的样子，为何杀了皇甫文，他就这么快投降了呢？"

寇恂解释说:"皇甫文是高峻的心腹,他让皇甫文来营中见我,言辞态度很傲慢,是想试试朝廷到底是招降还是剿灭。如果不杀皇甫文,高峻一定以为朝廷是来招降他们,这样他们就有恃无恐。杀了皇甫文,他才知道我们的决心,所以才这么快就投降了。"

两军交战,不斩来使。这是兵家行事的"常理",按说应绝对遵循。但是,有时候,一味地按常理行事却未必能够达到最终的目的,反而会给自己带来更大的隐患。所以,破坏一下规律,反常理行事也是未尝不可的。也许有人会说,寇恂斩来使是违背道义的行为,不足取。其实不然,寇恂出兵,就是为了招降或者处决叛逆之徒,若前者不能达到,选择后者在大道理上还是完全讲得过去的。

办事的目的是达到良好的结果,所以,当按常理行事不能达到目的,就有必要不为常理所拘,而行些变通之道了。当然,这并不是说应该为达目的不择手段,这需要根据一定环境、一定背景具体对待。

总而言之,能够打破常规,不按常理出牌,往往会出奇制胜,直击要害,以更简洁的方式达到目的,获得成功。

懂得变通退避,才能趋福避祸

在不利的形势下,善于变通、果断退避,是一个人心怀博大、大智若愚的具体体现。一个人在客观条件不允许继续前进,或再前进时就危及自身的情况下,就应当自觉地、主动地退避。

历史和现实都一再表明,善于退与善于进,具有同等的谋略价

◇纠错能力

值。只善于进而不善于退的人，绝非高明之人。而只有把两者有机地结合在一起并加以灵活运用的人，才称得上高明，才能趋福避祸。

明朝年间，在江苏常州，有一位姓尤的老翁开了个当铺，很多年了，生意一直不错。某年年关将近，有一天尤翁忽然听见铺堂上人声嘈杂，走出来一看，原来是站柜台的伙计同一个邻居吵了起来。伙计连忙上前对尤翁说："这个人前些时候典当了一些东西，今天空手来取典当之物，不给就破口大骂，一点道理都不讲。"那人见了尤翁，仍然骂骂咧咧，不讲情面。

尤翁却笑脸相迎，好言好语地对他说："我晓得你的意思，不过是为了度过年关。街坊邻居，区区小事，还用得着争吵吗？"于是叫伙计找出他典当的东西，共有四五件。尤翁指着棉袄说："这是过冬不可少的衣服。"又指着长袍说："这件给你拜年用。其他东西现在不急用，不如暂放这里，棉袄、长袍先拿回去穿吧！"

邻居拿了两件衣服，一声不响地走了。当天夜里，他竟突然死在另一个人家里。为此，死者的亲属同那家人打了一年多官司，害得那家人花了不少冤枉钱。

原来这个邻人欠了人家很多债，无力偿还，走投无路，事先已经服毒，知道尤家殷实，想用死来敲诈一笔钱财，结果只得了两件衣服。他只好到另一家去扯皮，那家人不肯相让，结果就死在那里了。

后来有人问尤翁说："你怎么能有先见之明，向这种人低头呢？"尤翁回答说："凡是蛮横无理来挑衅的人，他一定是有所恃的。如果在小事上争强斗胜，那么灾祸就可能接踵而至。"人们听了这一席话，无不佩服尤翁的聪明。

按常理，人们都会与故事中无理的邻居吵起来，但尤翁偏偏没有。他认为邻人蛮横无理地挑衅，必事出有因，所以打破常规，故意笑颜避开争端，这就是巧妙避祸的智慧。

不过，讲究趋福避祸之道并不是说一看前方有危险，便急忙后退，一退再退，以至放弃原来的目标、路线，改变方向、道路（而这个方向、道路与原来坚持的方向、道路已有本质的区别），如果这样那就是知难而退了，就不具谋略价值，而是逃跑主义了。所以，在趋福避祸的问题上也要分清勇敢与怯懦、高明和愚笨。一般来说，要做到这一点，就必须具备较高的修养，善于克制、约束自己。

所以，隐避不是消极地避凶就吉，而是要懂得变通，暂时收敛锋芒，隐匿踪迹，养精蓄锐，待机而动。

以变制变，思路决定出路

从前，有一个出海打鱼的好手，他听说最近市场上墨鱼的价格最贵，就发誓这次出海只打墨鱼。然而很不幸，这次他打到的全是螃蟹，渔夫很失望地空手而归。当他上岸后，才知道螃蟹的价格比墨鱼还要贵很多。于是，第二次出海他发誓只打螃蟹，可是他打到的只有墨鱼，渔夫又一次空手而归。第三次出海前，他再次发誓这次不管是螃蟹还是墨鱼都要，但是，他打到的只是一

◇纠错能力

些马鲛鱼,渔夫第三次失望地空手而归。可怜的渔夫没有等到第四次出海,就已经饥寒交迫地离开了人世。

变,是事物的本质特征。面对瞬息万变的社会,聪明的人有三种策略性思维:一是以不变应万变。如果没有实力的支撑,这只是一种最消极的态度。二是以变应变。这种策略其实也只能算作无奈的选择。比如说人家拿出了新产品,你跟在后面来个"东施效颦";人家降价了,你慌不迭地也来个大甩卖,变来变去始终是被动应付,在这种情况下只要能够不被拖垮就已经是不错了,新局面是难以看到的。三是以变制变。一个"制"字,情况就大不一样了,它所反映出来的只是一种主动进取的精神,是一种度势控变的能力,其效果是变反倒成了一种机遇,在变中获得新的发展。

当今社会瞬息万变,一个人要想在生活中过得顺心,就必须具有灵活应变的能力。在生活中是这样,在商战中亦是这样。市场竞争风云多变,只有灵活应变,全面兼顾,才能掌握主动权。这是一种经营之道,更是一种生存之道。

在一家大公司的CEO招聘会上,有200多个人落选,只有一个人被相中了。

这家公司在招聘时,为了考察应聘者的随机应变能力,出了这样一道题:如果在一个下大雨的晚上,你下班开车路过一个车站,看见车站里有3个人,一个人是曾经救过你命的医生,一个是生命垂危的病人,一个是你做梦都心爱着的人。请问,在你的车只能坐两个人的情况下,你会选择谁来坐你的车?

在那些应聘者当中,有的人说选病人,先把病人送进医院再说;有的人选择医生,因为这位医生曾经救过他的命,把医生送到医院再叫救护车救那个老头;有的人选心爱的人……这些答案都被考官们一一否定了。

直到有个年轻人进门后,仔细地看了看题,然后抬起头自信地说:"我会把车交给医生,让他送病人去医院抢救,至于我,会陪着心爱的人一起等车。"考官们听后,露出了高兴的笑容,这个年轻人被录取了。

世上的事,常常是风云突变,叫人难以把握。因此,我们无法预测未来是什么样子,无法预测明天我们将面临什么困难,也就经常陷入进退两难的困境。为了在困境中做出明智的决策,我们就要运用正确的策略性思维,以变应变,根据实际情况合理安排。只有做到了"因利而制权",伺机而动,才能让自己有更大的发展。

反方向游泳的鱼也能成功

人生不会一帆风顺,常常"行至水穷处"。所以,能够一直向前走,是智慧。若看到前方是绝路,主动转身给自己找到更好的出路,便是大智慧。以魔术著称的大卫·科波菲尔在成长中曾屡经坎坷,但他如同一条反方向游泳的鱼,在成功的路上走出了一条属于自己的路。

◇纠错能力

某杂志里有过这样一篇文章,其中写道:

从小他是个腼腆内向的孩子,和他一样大的孩子都不喜欢和他一起玩,因为他什么也不会。每次考试,他都是倒数几名。老师不想让他回答问题,因为他总是羞涩地说不知道。大家认为他是笨蛋,是个白痴。伙伴们嘲笑他,说他永远和失败在一起,是失败的难兄难弟。邻居们说这个孩子将来注定一事无成。父母听到这样的话,暗暗为他担心。

他努力过,可是收效甚微,自己在学业方面取得的进步近乎为零。但是,他还是在不断地加班加点苦读。每天,他醒来后都害怕上学,害怕被嘲笑。周末,他坐在自家的门前,看着草地上喜笑颜开的男孩们,感到自己的未来一片渺茫。

时间在一天天地流逝,学校也在考虑劝其退学。

一次,他看到一个老人为了一张被老鼠咬坏的一美元钞票痛哭不已。为了不让老人伤心,他悄悄回家将自己平时积攒的硬币换成一张一美元的钞票,交给了老人,说,这是他用魔法变回来的。老人激动不已,说他是个善良聪明的孩子。

父亲知道这件事后,认为自己的孩子还不是个笨到家的人。接下来的这天,是他永远不会忘记的。

父亲要带他出门,目的地是波士顿。他说,我们分头走,你先走,我们半个小时后会合。他听后,向前走去。途中几次回头却始终没有看到父亲的身影。可是等他到达目的地的时候,父亲已经先在那里了。他十分惊讶父亲是如何到达的。

父亲说:"我是从反方向来的。"

父亲又说:"只要我们能到达目的地,管它用什么方式呢!孩子,就像你学业不成功,并不代表你在其他方面都不能成功。换一个方向,向相反的路走,也许会成功的!"此时,他猛然醒悟。

随后,他看到很多人为了自己的理想不能实现而痛苦不已,就想假如自己用魔法帮助他们实现,即使是假的,但起码从精神上减轻了他们的痛苦。从此,他对魔术表现出浓厚的兴趣,并跟随魔术师学习魔术。

他克服心中的怯懦,为自己的梦想开始奋斗。教他魔术的老师发现他在这方面具有很高的悟性,学东西很快,而且每次在原有的基础上都能创新。很快,老师的技巧便被他学光了,他不得不换老师。就这样,短短的两年时间里,他换了四个魔术老师。

他就是大名鼎鼎的魔术师大卫·科波菲尔,一个匪夷所思的成功人士。

有人问他是怎么成功的,大卫·科波菲尔说:"父亲告诉我,相反的方向也能成功。当人们都在向前的道路上拥挤时,我选择了悄悄撤退。"

人生很漫长,前方没有出路的时候,我们可以选择转身,因为在后方,我们同样可以续写更多、更好、更完美的篇章。但是,说起来容易,做起来却是很困难的。因为在生活中,人们一旦形成了某种认知,就会习惯性地顺着这种思维定式去思考问题,按老办法想当然地处理问题,不愿也不会转个方向解决问题,这是很多人都有的一种愚顽的"难治之症"。而要使问题真正得以解决,往往要废除这种认

◇纠错能力

知,将大脑"反转"过来。

当今社会,很多企业喊出了"换个方向就是第一""做一条反方向游泳的鱼"的口号,因为人们已经发现了,随着社会竞争越来越激烈,单靠传统的思想与做法是不可能有多少成功胜算的。所以,调转方向,开辟一条全新的道路,不失为一种求发展的良策。所以,当人们开始为了找不到工作而发愁的时候,完全可以尝试着自己创业。

不要以为机会总在前方等我们,有时候,恰恰是我们最固执的时候,它跑到了我们的身后,轻轻地拍了拍我们的肩膀。

第五章
贪欲是危险的诱饵，一不小心铸大错

贪欲包藏潜在错念，处理不好灾祸及身

第一节　祸莫大于贪念，咎莫大于欲得

过多的欲望，让你的人生烦恼不安

"世人都晓神仙好，惟有功名忘不了"，这是《红楼梦》里的开篇偈语，这一首《好了歌》似乎在诉说繁华锦绣里的一段公案，又像是在告诫人们提防名利世界中的冷冷暖暖，看似消极，实则是对人生的真实写照，即使在数百年后的今天依然如此。世人总是被贪欲蒙蔽了双眼，在人生的热闹风光中奔波迁徙，被身外之物所累而烦恼不安。

县城老街上有一家铁匠铺，铺子里住着一位老铁匠。时代不同了，如今已经没人再需要他打制的铁器，所以，现在他的铺子改卖拴小狗的链子。

他的经营方式非常古老和传统。人坐在门内，货物摆在门外，不吆喝，不还价，晚上也不收摊。你无论什么时候从这儿经过，都会看到他在竹椅上躺着，微闭着眼，手里是一只半导体收

◇纠错能力

音机,旁边有一把紫砂壶。

当然,他的生意也没有好坏之说。每天的收入正好够他喝茶和吃饭。他老了,已不再需要多余的东西,因此他非常满足。

一天,一个文物商人从老街上经过,偶然间看到老铁匠身旁的那把紫砂壶,因为那把壶古朴雅致,紫黑如墨,有清代制壶名家戴振公的风格。他走过去,顺手端起那把壶。壶嘴内有一记印章,果然是戴振公的。商人惊喜不已,因为戴振公在世界上有捏泥成金的美名,据说他的作品现在仅存三件:一件在美国纽约州立博物馆;一件在台湾"故宫博物院";还有一件在泰国某位华侨手里,是那位华侨1993年在伦敦拍卖会以56万美元的拍卖价买下的。

商人端着那把壶,想以10万元的价格买下它,当他说出这个数字时,老铁匠先是一惊,然后很干脆地拒绝了,因为这把壶是他爷爷留下的,他们祖孙三代打铁时都喝这把壶里的水。

虽然壶没卖,但商人走后,老铁匠有生以来第一次失眠了。这把壶他用了近60年,并且一直以为是把普普通通的壶,现在竟有人要以10万元的价钱买下它,他转不过神来。

过去他躺在椅子上喝水,都是闭着眼睛把壶放在小桌上,现在他总要坐起来再看一眼,这种生活让他非常不舒服。特别让他不能容忍的是,当人们知道他有一把价值连城的茶壶后,上门者络绎不绝,有人打听还有没有其他的宝贝,有的甚至开始和他借钱。他的生活被彻底打乱了,他不知该怎样处置这把壶。当那位商人带着20万现金,再一次登门的时候,老铁匠什么也没说。他招来了左右邻居，拿起一把斧头，当众把紫砂壶砸了个粉碎。

现在，老铁匠还在卖拴小狗的链子，据说，他现在已经106岁了。

这个故事说明，"人到无求品自高"，人无欲则刚，人无欲则明。

无欲能使人在障眼的迷雾中辨明方向，也能使人在诱惑面前保持自己的人格和清醒的头脑，不丧失自我。在这个充满诱惑的花花世界里，要想真正做到没有一丝贪欲的确很难。

庄子在《徐无鬼》篇中说："钱财不积则贪者忧；权势不尤则夸者悲；势物之徒乐变。"追求钱财的人往往会因钱财积累不多而忧愁，贪心者永不满足；追求地位的人常因职位不够高而暗自悲伤；迷恋权势的人，特别喜欢社会动荡，以求在动乱之中借机扩大自己的权势。而这些人，正是星云大师所说的"想不开、看不破"的人，注定烦恼一生。

贪欲如沟壑，生活负累多

一个乞丐每天都在想："假如我有2万元钱就好了，我就可以变成正常人，不用再做乞丐了。"一天，这个乞丐无意中发现了一只很可爱的小狗，他见四周没人，便把狗抱回了自己住的窑洞里，拴了起来。

这只狗的主人是本市有名的大富翁。丢狗后富翁十分着急，因为这是一只纯正的进口名犬。于是，他就在当地电视台发了一

◇纠错能力

则寻狗启事：如有拾到者请速还，付酬金2万元。

　　第二天，乞丐行乞时，听到这则启事，便迫不及待地抱着小狗准备去领那2万元酬金。可当他匆匆忙忙抱着狗走在路上时，听说启事的酬金已变成了3万元。原来，大富翁寻不着狗，又电话通知电视台把酬金提高到了3万元。乞丐似乎不相信自己的眼睛，向前走的脚步突然间停了下来，想了想又转身将狗抱回了窑洞，重新拴了起来。

　　第三天，酬金果然又涨了，第四天又涨了，直到第七天，酬金涨到让市民们都感到惊讶时，乞丐这才跑回窑洞去抱狗。可想不到的是，那只小狗已饿死了。

　　这个故事足以说明除贪之难。西方一位哲人曾说过："人的欲望是座火山，如不控制就会伤人害己。"贪欲是人成功路上的障碍，因为它会自动成长、膨胀，最后喷薄而出，炸伤自己，一切的荣誉、事业、成功也都将随之烟消云散。

　　正当的物望是合理的，但追求的东西太多，就会成为贪欲，那无疑是给自己套上沉重的枷锁。我们都为自己理想的生活而奋斗，为自己拥有的太少而努力，所以只有不停地前进。当你达到目标时，或许又看到了另一番美景，于是你又不停地追赶，又想着另一个目标。当然上进固然是正确的，如果一生都生活在马不停蹄的追求之中，岂不是失去了生活的真正意义？

　　这世间，美好的东西实在数不过来，人们总是希望得到很多，让尽可能多的东西为自己所拥有。站着的想靠着，靠着的想坐着，坐着的想躺着，这是人类的一种通病，说好听点儿是不断地追求，实际就是一种贪欲。

经常听到有人感叹：唉！活着真累！这个"累"主要不是指肉体累，而是指精神累，因为做人太难。

做人难就难在做一个真正的普通人。这是因为通常人的欲望很多，真正如愿的太少，所以就很难体会到生活中本已存在的快乐。怎能不累呢？

生活中的快乐是实实在在的，没有发现它，是因为贪欲堵塞了心智，蒙蔽了眼睛。物欲太盛会驱使人的灵魂变态，永不知足，没有家产想家产，有了家产想当官，当了小官想大官，当了大官想成仙……以致精神上永无宁静，永无快乐。

其实，人的欲望太多反成了累赘，只有顺其自然、心胸淡泊，才能让自己充实、满足。

贪财无度，容易自寻绝路

"君子爱财，取之有道。"财富是人人皆爱之的东西，但对待财富的态度，却人所不同。有的人为了敛财而疯狂，不惜做出伤风败俗、有违人性的事情；有的人则是通过艰辛的耕耘得到钱财，满足物质生活的需要。一个人的财富观，决定了这个人的人品及其名声和地位。佛家智慧教导世人，要懂得在获得财富时有止有度，否则就是杀鸡取卵，幸福也会断送在自己贪婪的刀下。

明朝开国皇帝朱元璋曾给下属算过一笔账：老老实实地当官，守着自己的俸禄过日子，就好像守着"一口井"，井水虽不满，但可天

◇纠错能力

天汲取，用之不尽。

朱元璋的这个账算得颇有哲理，"一口井"说出了明哲保身的财富哲学，靠自己的劳动获取财富最踏实，不义之财最终葬送的是整个人生。

在这个世界上，很多人在追求财富。人们只有对阳光下的财富心怀敬意，因此，阴暗中的财富自然会遭到人们的质疑。求富贵、去贫贱都应以义为准绳，以义导利，以义去恶，否则将适得其反。

古往今来，被法办的贪官，都有一个最大的教训，就在于守不住自己那口"井"，贪得无厌之徒，总嫌"水井"不满，于是利用职权，贪赃枉法，不择手段地谋取不义之财，当他们的不义之财如大江大河之水滚滚而来，也常常连同他们自己一起毁灭。此时，不仅大量的金钱自己享受不到，就连浅浅一口井的水也丧失了，正是"机关算尽太聪明，反误了卿卿性命"。

人生的辩证法是无情的，有得必有失，想得到的更多，反而失之更惨。过于贪心的人不仅享受不到"一口井"给自己带来的幸福，而且弄不好最终还会把自己的脑袋也搭进去。

一个铁匠技艺名满天下，收了很多徒弟，但他从不教徒弟们应该怎样做，每天只是默默地抡锤打铁。

有一天，铁匠突患重病，奄奄一息，徒弟们都围在他的四周，希望能听到他最后说出秘不外传的绝技，铁匠用尽全身的力气断断续续地说："记住，铁热的时候，别用手摸……"

铁热的时候千万别用手摸，看到不义之财的时候也应该断然回避。

世上的路千千万万，但只有两个方向可以选择，即正与邪。很多人对"君子爱财，取之有道"产生了质疑，从而选择邪道走下去，一步步迈向黑暗的沼泽地，到了万劫不复之时，才发现自己曾经拥有最珍贵的幸福——自己动手，丰衣足食。

收取他人贿赂的钱财，自己将永远受制于人。人生的辩证法是无情的，有得必有失，想得到更多，反而失去更多。过于贪心的人不仅享受不到"一口井"给自己带来的幸福，弄不好还会把自己的生命也搭进去。

爱财之心，人皆有之，而君子取财，得之正道。这样的财来得心安理得，来得理所当然，对自己、对他人都没有坏处，用起来自然身心舒坦，别人也无从挑剔。

过重的名誉会压断你的翅膀

有一篇《蜗牛的奖杯》的文章。讲的是蜗牛原先善于飞行，在一次飞行比赛中荣获冠军，得到了一个奖杯，便成天背在身上，日久天长，奖杯成了外壳，翅膀也退化了，它只能慢慢爬行。做人也是一样，不能永远背着荣誉的外壳，要学会淡忘曾经的荣誉，才能走得更远、飞得更高。

战国时期，魏国信陵君杀死晋鄙，拯救邯郸，击破秦兵，保住赵国，赵孝成王准备亲自到郊外迎接他。唐雎对信陵君说：

◇纠错能力

"我听人说:'事情有不可以让人知道的,有不可以不知道的;有不可以忘记的,有不可以不忘记的。'"

信陵君说:"你说的是什么意思呢?"唐雎回答说:"别人厌恨我,不可不知道;我厌恨人家,又不可以让人知道。别人对我有恩德,不可以忘记;我对人家有恩德,不可以不忘记。如今您破了秦兵,保住了赵国,这对赵王是很大的恩德啊,现在赵王亲自到郊外迎接您,我们仓促拜见赵王,我希望您能忘记救赵的事情。"信陵君说:"我谨遵你的教诲。"

唐雎建议信陵君谦虚谨慎,淡忘功劳,这的确是高明的处世哲学。其实,不仅仅是做人,在市场经济的大潮中,同样需要淡泊曾经的功劳。

有资料称,每当年终岁末,日本的企业都要召开"忘年会"。会议上没有领导们的长篇总结报告和工作布置,也没有典型发言和表彰先进,只有简短的新年致辞:忘记昨天,新的一年继续努力吧!"忘年会"的内涵提示人们,成绩也好,荣誉也罢,代表的都是过去,在前进的道路上必须甩掉这些包袱,减轻"行囊"创造新的业绩。与日本的"忘年会"相比,我们有些企业正好相反,总是念念不忘过去那些成绩荣誉。要么躺在荣誉上面睡大觉,满足于已有的成绩,不思进取,要么沾沾自喜地背着"过去"前进,信赖"老办法""老套路",对新鲜事物视而不见或拒不接受,以致企业发展原地踏步,甚至有破产倒闭的风险。

在人生旅途中,我们可能会遇到坎坷和不幸,如竞争的失败、家道的中落、不测的病痛和突发的灾难；可能会遇到无端的误解和不公的际遇；可能会有名利得失和荣辱毁誉；可能会有历史的伤痕和岁月的沧桑；可能会听到无中生有的流言蜚语，捕风捉影、蜚短流长的小道新闻……

如果一切都是不可避免的，那我们不妨挥一挥衣袖，学会淡忘，淡忘应该淡忘的一切。淡忘功名利禄，将使你不会高高在上，不会拥有那种孤独的高处不胜寒的悲凉；淡忘曾经的痛楚，将有助于你寻找到另一份真正属于自己的幸福；淡忘曾经的仇恨，将帮助你开辟另一条通往成功的大道；淡忘曾经的成功，将有助于把你带往人生新的高峰。

每个人都不会拒绝名誉，但过重的名誉会让人负重累累，甚至压断你飞翔的翅膀。所以，理智地面对名誉，学会淡忘，未来才不会那么沉重。

最长久的名声也是短暂的

看看周围那些熟知的人，他们之中的一部分可能没有目标，做着一些对自己、对别人都毫无益处的事情，却不明白自己真正的本性是怎样的，有一点虚名就沾沾自喜。这样的做法是不明智的。一定谨记，自己做的每一件事都要以这件事情的本身价值来进行判断，不过分注意那些鸡毛蒜皮的小事，才会对命运的安排和生活的赐予感到满足。

过去我们熟悉的很多热门词汇，现在已经不用了。同样，那些声名显赫的名字如今也被忘却了，例如卡米卢斯、恺撒、沃勒塞斯、

◇纠错能力

邓塔图斯以及稍后一些的西庇阿、加图，然后是奥古斯都，还有哈德里安和安东尼。这些名人很快变成了历史，甚至有可能被有些人忘记了。上面提到的这些乃是在历史有丰功伟绩的人，那么其他的人，一旦呼吸停止了，别人就不会再提起他了。如果这样的话，所谓的"永恒的纪念"是什么呢？只是虚无罢了。所以，认识到了本性的人，早就放弃了对名利的追求，即使他们偶然获得了荣誉，也完全不放在心上，只会淡化自己对名利的渴望和与人攀比的虚荣。

人的行为都是受欲望支配的，可欲望是无穷的，尤其是对于外部物质世界的占有欲，更是一个无底深渊。现实生活中，到处都是诱惑，人的占有欲往往就这样被激发出来。但是，虽然人们承认欲望的客观存在，并不代表肯定欲望本身，欲望的永无休止只会让我们做出错误的事情，给我们带来更深重的灾难。

时间会让我们明白，最长久的名声也是短暂的。

过多的贪念会蒙蔽你的幸福

人在很多时候是贪心的，就像很多人形容的那样，吃自助的最高境界是：扶墙进，扶墙出。进去扶墙是因为饿得发昏，四肢无力，而扶墙出则是因为撑得路都走不了。人愿意活受罪是因为怕吃亏。而有些时候，人总是对自己不满，还是因为太贪心，什么都想得到。而恰恰是这种贪心，让自己感到诸多不顺，甚至失去本该拥有的幸福。

很多人常常抱怨自己的生活不够完美，觉得自己的个子不够高、自己的身材不够好、自己的房子不够大、自己的工资不够高、自己的老婆不够漂亮，自己在公司工作了好几年了却始终没有升职……总

第五章 贪欲是危险的诱饵，一不小心铸大错

之，对于自己拥有的一切都感到不满，觉得自己不幸福。真正不快乐的原因是：不知足。

剑桥教授安德鲁·克罗斯比说，真正的快乐是内心充满喜悦，是一种发自内心对生命的热爱。不管外界的环境和遭遇如何变化，都能保持快乐的心情，这就需要一种知足的心态。知足者常乐，因为对生活知足，所以他会感激上天的赠予，用一颗感恩的心去感谢生活，而不是总抱怨生活不够照顾自己。

在一个村庄里，住着一个左眼失明的老头儿。

老头儿9岁那年一场高烧后，左眼就看不见东西了。他爹娘整日的以泪洗面，独生的儿子瞎了一只眼睛可怎么办呀！不料他却说自己左眼瞎了，右眼还能看得见呢！总比两只眼都瞎了要好！比起世界上的那些双目失明的人，不是要强多了吗？儿子的一番话，让爹娘停止了流泪。

老头儿的家境不好，爹娘无力供他读书，只好让他去私塾旁听。爹娘为此十分伤心，他劝说道："我如今也已识了些字，虽然不多，但总比那些一天书没念，一个字不识的孩子强多了吧！"爹娘一听，也觉得安心了许多。

后来，他娶了个嘴巴很大的媳妇。爹娘又觉得对不住儿子，而他却说和世界上的许多光棍汉比起来，自己是好到天上去了！这个媳妇勤快、能干，可脾气不好，把婆婆气得心口作痛。他劝母亲说："天底下比她差得多的媳妇还有不少。媳妇脾气虽是暴躁了些，不过还是很勤快，又不骂人。"爹娘一听真有些道理，

怄的气也少了。

老头儿的孩子都是闺女，于是媳妇总觉得对不起他们家，老头儿说世界上有好多结了婚的女人，压根儿就没有孩子。等日后我们老了，5个女儿女婿一起孝敬我们多好！比起那些虽有几个儿子，却妯娌不和，婆媳之间争得不得安宁要强得多！

可是，他家确实贫寒得很，妻子实在熬不下去了，便不断抱怨。他说："比起那些拖儿带女四处讨饭的人家，饱一顿饥一顿，还要睡在别人的屋檐下，弄不好还会被狗咬一口，就会觉得日子还真是不赖。虽然没有馍吃，可是还有稀饭可以喝；虽然买不起新衣服，可总还有旧的衣裳穿，房子虽然有些漏雨的地方，可总还是住在屋子里边，和那些讨饭维持生活的人相比，日子可以算是天堂了。"

老头儿老了，想在合眼前把棺材做好，然后安安心心地走。可做的棺材属于非常寒酸的那一种，妻子愧疚不已，而老头儿却说，这棺材比起富贵人家的上等柏木是差远了，可是比起那些穷得连棺材都买不起，尸体用草席卷的人，不是要强多了吗？

老头儿活到72岁，无疾而终。在他临死之前，对哭泣的老伴说："有啥好哭的，我已经活到72岁，比起那些活到八九十岁的人，不算高寿，可是比起那些四五十岁就死了的人，我不是好多了吗？"

老头儿死的时候，神态安详，脸上还留有笑容……

老头儿的人生观，正是一种乐天知足的人生观。很多时候，我们就缺少老头儿的这种心境,当我们抱怨自己的衣服不是名牌的时候,是否想到还有很多人连一套像样的衣服都没有;当我们抱怨自己的丈夫没有钱的时候,可否想到那些相爱但却已阴阳两隔的人;当我们抱怨自己的孩子没有拿到第一的时候,是否想到那些根本上不起学的孩子;当我们抱怨工作太累的时候,可否想到那些在街上摆着小摊的小贩们,他们起早贪黑,根本没有工夫去抱怨……其实,我们已经过得很好了,我们能够在偌大的城市拥有自己的房子,哪怕只是租的,我们不用为吃饭发愁,我们拥有体贴的妻子、可爱的孩子,有着依旧对自己牵肠挂肚的父母……实际上我们已经拥有的够多了,还有什么不满意的呢?

但是在现实中,很多人看不到这些,他们为各种贪念所蒙蔽,为各种自认为的不如意而纠缠,完全活在痛苦和不满之中。人生苦短,因为过多的贪念而忽略了自己的幸福,这又何必呢?

贪欲的背后,往往蛰伏着祸端

"天下熙熙,皆为利来,天下攘攘,皆为利往。"从古至今,多少人在混乱的名利场中丧失原则,迷失自我,在错误的道路上百般挣扎,落得个身败名裂,甚至丧失性命。

古人说得好:"君子疾没世而名不称焉,名利本为浮世重,古今能有几人抛?"那些把金钱名利看得很重的人,总是想将所有财富收到自己囊中,将所有名誉光环揽至头顶,结果却招来厄运。很多时候,贪欲的背后往往蛰伏着看不见的祸端。

◇纠错能力

一天傍晚，两个非常要好的朋友在林中散步。这时，有位小和尚从林中惊慌失措地跑了出来，俩人见状，拉住小和尚问："小和尚，你为什么如此惊慌，发生了什么事情？"

小和尚忐忑不安地说："我正在移栽一棵小树，却突然发现了一坛金子。"

这俩人听后感到好笑，说："挖出金子来有什么好怕的，你真是太好笑了。"然后，他们就问，"你是在哪里发现的，告诉我们吧，我们不怕。"

小和尚说："你们还是不要去了吧，那东西会吃人的。"

两人哈哈大笑，异口同声地说："我们不怕，你告诉我们它在哪里吧。"

于是小和尚告诉了他们金子的具体地点，两个人飞快地跑进树林，果然找到了那坛金子。

一个人说："我们要是现在就把金子运回去，不太安全，还是等天黑后再运吧。现在我留在这里看着，你先回去拿点儿饭菜，我们在这里吃过饭，等半夜的时候再把金子运回去。"于是，另一个人就回去取饭菜了。

留下来的这个人心想："要是这些金子都归我，该有多好！等他回来，我一棒子把他打死，这些金子不就都归我了吗？"

回去的人也在想："我回去之后先吃饱饭，然后在他的饭里下些毒药。他一死，这些金子不就都归我了吗？"

不多久，回去的人提着饭菜来了，他刚到树林，就被另一个人用木棒打死了。然后，那个人拿起饭菜，吃了起来，没过多久，他的肚子就像火烧一样痛，这才知道自己中了毒。

临死前，他想起了小和尚的话："和尚的话真对啊，我当初就怎么不明白呢？"

人为财死，鸟为食亡。可见，"财"这只拦路虎，它美丽耀眼的毛发确实诱人，一旦骑上去，又无法使其停住脚步，最后必将摔下万丈深渊。

秦代名相李斯，当初他贵为秦相时，"持而盈"，"揣而锐"，最后却以悲剧告终。临刑之时，他对其子说："吾欲与若复牵黄犬，出上蔡东门，逐狡兔，岂可得乎？"他临死才翻然醒悟，渴望带着孩子过着牵狗逐兔的返璞归真生活，在平淡中找寻幸福，但却悔之晚矣。

面对贪欲，进一步容易，退一步却很难。少数人能看透功名实质，重视过程，淡看结果，终能悠然反航。而大多数人还沉迷于名利的旋涡，越陷越深，这又是多么的可悲！

第二节　纠正贪欲之过，懂得及时避祸

可以有欲望，但不可有贪欲

伊索有句话说："许多人想得到更多的东西，却把现在所拥有的也失去了。"对于生活，普通的老百姓没有那么多言辞来形容，但他们有自己的一套语言。于是，老人们会在我们面前念叨：做人啊，要本分，不要捡了芝麻丢西瓜。这个道理其实和伊索说的是一个道理。

◇纠错能力

的确，人生的沮丧很多都是源于得不到的东西，我们每天都在奔波劳碌，每天都在幻想填平心中的欲望，但是那些欲望像是反方向的沟壑，你越是想填平，它就越向下凹得深。

欲望太多，就成了贪婪。贪婪就好像一朵艳丽的花朵，美得你兴高采烈、心花怒放，可是你在注意到它的娇艳的同时，却忘了提防它的香气，那是一种让你身心疲惫却永远也感受不到幸福的毒药。从此，你的心灵被索求所占据，你的双眼被虚荣所模糊。

年轻的时候，艾莎比较贪心，什么都追求最好的，拼了命想抓住每一个机会。有一段时间，她手上同时拥有13个广播节目，每天忙得昏天黑地，她形容自己："简直累得跟狗一样！"

事情总是对立的，所谓有一利必有一弊，事业愈做愈大，压力也愈来愈大。到了后来，艾莎发觉拥有更多、更大不是乐趣，反而是一种沉重的负担。她的内心始终有一种强烈的不安笼罩着。

1995年，"灾难"发生了，她独资经营的传播公司日益亏损，交往了七年的男友和她分手……一连串的打击直奔她而来，就在极度沮丧的时候，她甚至考虑结束自己的生命。

在面临崩溃之际，她向一位朋友求助："如果我把公司关掉，我不知道自己还能做什么。"朋友沉吟片刻后回答："你什么都能做，别忘了，当初我们都是从'零'开始的！"

这句话让她恍然大悟，也让她勇气再生："是啊！我们本来就是一无所有，既然如此，又有什么好怕的呢？"就这样念头一转，她不再沮丧。没想到，在短短半个月之内，她连续接到两笔很大的业务，濒临倒闭的公司也起死回生。

历经这些挫折后，艾莎体悟到了人生"无常"的一面：费尽了力气去强求，虽然勉强得到，最后留也留不住；而一旦放空了，随之而来的可能是更大的能量。她学会了"舍"。为了简化生活，她谢绝应酬，搬离了大房子，索性以公司为家，挤在一个10平方米不到的空间里，淘汰不必要的家当，只留下一张床、一张小茶几，还有两只做伴的小狗。

艾莎这才发现，原来一个人需要的其实那么有限，很多附加的东西只是徒增无谓的负担而已。

人人都有欲望，都想过美满幸福的生活，都希望丰衣足食，这是人之常情。但是，如果把这种欲望变成不正当的欲求，变成无止境的贪婪，那无形中就成了欲望的奴隶。

在欲望的支配下，我们不得不为了权力、为了地位、为了金钱而削尖了脑袋向里钻。我们常常觉得非常累，内心不满足，因为在我们看来，很多人生活得比自己更富足，很多人的权力比自己的大。所以我们别无出路，只能硬着头皮往前冲，在无奈中透支着体力、精力与生命。

这样的生活，能不累吗？被欲望沉沉地压着，能不精疲力竭吗？静下心来想一想：有什么目标真的非要实现不可？又有什么东西值得我们用宝贵的生命去换？

◇纠错能力

学会约束不合理的欲望

合理、有度的欲望本是人奋发向上、努力进取的动力。但倘若欲望变质了,我们就容易上当、受骗。人的欲望一旦转变为贪欲,那么遇到诱惑时就会失去理性。

一个顾客走进一家汽车维修店,自称是某运输公司的汽车司机。他对店主说:"在我的账单上多写几个零件,我回公司报销后,有你一份好处。"但店主拒绝了这样的要求。顾客继续纠缠道:"我的生意很大,我会常来的,这样做你肯定能赚很多钱!"店主告诉他,无论如何也不会这样做。顾客气急败坏地嚷道:"谁都会这么干的,我看你真的是太傻了。"

店主火了,指着那个顾客说:"你给我马上离开,请你到别处谈这种生意。"谁知这时顾客竟露出微笑,并紧紧握住店主的手说:"我就是这家运输公司的老板,我一直在寻找一个固定的、信得过的维修店,我终于找到了,你还让我到哪里去谈这笔生意呢?"

面对诱惑不动心,不为其所惑。这样的人也是真正懂得如何生存的人。

荀子说:"人生而有欲。"人生而有欲望并不等于欲望可以无度。宋朝理学大家程颐说:"一念之欲不能制,而祸流于滔天。"古往今来,因不能节制欲望,不能抗拒金钱、权力、美色的诱惑而身败

第五章 贪欲是危险的诱饵，一不小心铸大错◇

名裂，甚至招至杀身之祸的人不胜枚举。这个世界有太多的诱惑，一不小心往往就会掉入陷阱。找到自我，固守做人的原则，守住心灵的防线，不被诱惑，才能生活得安逸、自在。

1856年，亚历山大商场发生了一起盗窃案，共失窃8只金表，损失16万美元，在当时，这是相当庞大的数目。

案子侦破前，有个纽约商人到此地批货，随身携带了4万美元现金。当他到达下榻的酒店后，先办理了贵重物品的寄存手续，接着将钱存进了酒店的保险柜中，随即出门去吃早餐。在咖啡厅，他听见邻桌的人在谈论金表失窃案，因为是一般社会新闻，这个商人并不当回事。中午吃饭时，他又听见邻桌的人谈及此事，他们说有人用1万美元买了两只金表，转手后净赚3万美元，其他人纷纷投以羡慕的眼光说："如果让我遇上，不知道该有多好！"

商人听到后，却怀疑地想："哪有这么好的事？"到了晚餐时间，金表的话题居然再次在他耳边响起，等到他吃完饭，回到房间后，忽然接到一个神秘的电话："你对金表有兴趣吗？我知道你是做大买卖的商人，这些金表在本地并不好脱手，如果你有兴趣，我们可以商量看看，品质方面，你可以到附近的珠宝店鉴定，如何？"商人听后，不禁怦然心动，他想这笔生意可获取的利润比一般生意优厚许多，便答应与对方会面详谈，结果以4万美元买下了3块金表。

但是第二天，他拿起金表仔细观看后，却觉得有些不对劲，于是他将金表带到熟人那里鉴定,没想到这些金表都是假货。直到这帮骗子落网后,商人才明白,从自己一进酒店存钱,这帮骗子就盯上他了,而他听到的金表话题也是他们故意安排设计的。

贪婪自私的人往往鼠目寸光,所以他们只瞧见眼前的利益,看不见身边隐藏的危机,也看不见自己生活的方向。贪欲越多的人,往往生活在日益加剧的痛苦中,一旦欲望无法获得满足,他们便会失去正确的人生目标,陷入对蝇头小利的追逐。贪婪者往往自掘坟墓而不自知。我们一定要随时提醒自己,控制自己不合理的欲望,因为你的贪欲很可能让你失去一切。

做金钱的主人,不做金钱的奴隶

古语说得好,君子爱财,取之有道,用之有度,这是一种对待金钱应该有的正确态度。生活在经济社会中,我们需要金钱,但是我们要做金钱的主人,不能被金钱所役使。金钱固然可以换取诸多物质享受,可不一定能换取真正的开心与幸福。

一个富翁忧心忡忡地来到教堂祈祷后,去请教牧师。

"我虽然有了金钱,但我感觉不到幸福,我甚至不知道可以用我的金钱做些什么。它能买来欢乐和幸福吗?"

牧师让他站在窗前,看外面的街道,富翁说:"我看到来来往往的人群,感觉很好。"

牧师又把一面很大的镜子放在他面前,富翁说:"我看到了自己，我很忧愁。"

牧师语重心长地对他说："是啊，窗户和镜子都是玻璃制作的，不同的是镜子上镀了一层水银。单纯的玻璃让你看到了别人，也看到了美丽的世界，没有什么阻挡你的视线，而镀上水银的玻璃只能让你看到自己，是金钱阻挡了你心灵的眼睛，你守着自己的财富，就像守着一个封闭的世界。"

富翁听罢，顿悟。

从此以后，他总是尽可能多地去帮助那些困难的人，而得到帮助的人则用无尽的感激和祝福报答他。由此，富翁也感到了从未有过的快乐和幸福。

富翁找回了属于自己的幸福，是因为他明白了金钱不等于幸福，有些东西是无法用金钱买来的。"金钱永远只能是金钱，而不是快乐，更不是幸福。"这是希尔的一句名言。

在当今物欲横流的社会中，金钱可以换取各种各样的物质快乐，没有金钱寸步难行，但金钱并不一定能买到所有的东西，比如幸福，因为幸福是每个人的内心感受，而金钱只能买到身外之物。

有一个大富翁，家有良田万顷，身边妻妾成群，可是日子过得并不开心。挨着他家高墙的外面，住着一户穷铁匠，夫妻俩整天有说有笑，日子过得很开心。

一天，富翁的小老婆听见隔壁夫妻俩唱歌，便对富翁说："我们虽然有万贯家财，但是还不如穷铁匠开心！"富翁想了

◇纠错能力

想，笑着说："我能叫他们明天唱不出歌来！"于是拿了两根金条，从墙头上扔过去。

　　打铁的夫妻俩第二天打扫院子时发现了这两根不明不白的金条，心里既高兴又紧张，为了这两根金条，他们连铁匠炉子上的活也丢下不干了。男的说："咱们用金条置些好田地。"女的说："不行！金条让人发现，别人会怀疑是我们偷来的。"男的说："你先把金条藏在坑洞里。"女的摇头说："藏在坑洞里会叫贼娃子偷去。"他俩商量来，讨论去，谁也想不出好办法。从此，夫妻俩吃饭不香，觉也睡不好，以往的快乐再也没有了。

　　打铁的夫妻俩原本过得虽清贫但还算幸福，然而拥有了金条并没有使他们得到幸福，因为他们被金钱所累，没有真正成为金钱的主人。太在意金钱，反而变成了金钱的奴隶。

　　金钱够用即可，毅然拒绝诱惑，这才是智慧。否则，盲目的追求只能让自己背上沉重的包袱，累得喘不过气来。人的一生中，享受生命比追求财富更重要。人要在有限的生命过程中尽量让自己活得富裕一些，但是不能不择手段地获取财富，承担风险的享受远不如心安理得的清贫日子安逸。

　　因此，放弃那些让我们的生命过分沉重的金钱欲望，更不要做金钱的奴隶，才能使金钱为我所用，为自己服务，真正成为金钱的主人。

莫为名利诱，量力缓缓行

懂得知足的人往往会量力而行。即使前面有很多诱惑，但他仍然能够不为所动，仔细斟酌自己一天最多能行多远，深思熟虑之后才去安排行程。尤其是在一条从没走过的道路，他会花费更多的心思去衡量：何处崎岖、何处坎坷、何处严寒、何处酷热，都要弄得一清二楚。不管别人给他施加多少压力，或者前方有多少诱惑，他都不急不躁，沿着既定的路线缓缓而行。

蒋方初到广州时，曾为找工作奔波了好长一段时间，起初他见几个跑业务的同学业绩不俗，赚了不少钱，学中文的他便找了家公司做业务员。然而，他辛辛苦苦跑了几个月，不但没赚到钱，人倒瘦了十几斤。同学们分析说："你能力不比我们差，但你的性格内向，不爱与人交谈、沟通，不善交际，因此不太适合跑业务……"

后来，蒋方见一位在工厂做生产管理的朋友薪水高、待遇好，便动了心，费尽心思谋到了一份生产主管的职位，可是没做多久他就因管理不善而引咎辞职了。之后，蒋方又做过公司的会计、餐厅经理等，最终出于各种原因都被迫离职跳槽。

最后，蒋方痛定思痛，吸取了前几次的教训，不再盲目追逐高薪或舒适的职位，而是依据自己的爱好和特长，凭借自己中文系本科学历和深厚的文字功底，应聘到一家刊物做了文字编辑。这份工作相比以前的职位，虽然薪水不高，工作量也大，但蒋方

◇纠错能力

却做得非常开心,工作起来得心应手。几个月下来,他就以自己突出的能力和表现让领导刮目相看,器重有加。

回顾以往的工作历程,蒋方深有感触地说:"无论是工作,还是生活,我们都应当根据自己的能力找到适合自己的位置。一味地追逐高薪、舒适的工作,曾让我吃尽了苦头,走了不少弯路。事实上,我们无论做什么事都应结合自身条件,依据自己的爱好和特长去选择相应的事来做。放弃那些不适合自己的生活,只有这样我们才会快乐。"

如同故事里的蒋方,很多人都是受到了各种诱惑,总觉得自己有能力可以获取更多,可是事实是我们还不具备那么大的能力。一味地贪图诱惑,朝着更大的目标行进,只会增加我们的压力,让自己无所适从。

现实中,有人看到了巨大的利益便不停地调整自己的路线,甚至急躁地想要直奔利益的终点,可是急于求成的人往往会事倍功半。还有一些人,他们整天都在为未来的事情操心,可能几十年以后才可能面对的难处,他们现在就开始忧心忡忡了。命运只能即时照现现实的样子给我们,根本不可能因为我们的急躁就提前向我们展开未来的画卷。

放弃生活中的"第四个面包"

非洲草原上的狮子吃饱以后,即使羚羊从身边经过,也懒得抬一下眼皮;瑞士的奶牛也是一样,只要吃饱了肚子,它就会闲卧在阿尔卑斯山的斜坡上，一边享受温暖的阳光，一边慢条斯理地反刍。

有位作家非常赞赏非洲狮子和瑞士奶牛的生存哲学。他说，假如你的饭量是三个面包，那么再为第四个面包所做的一切努力都是愚蠢的。

几年前，王立到一个宾馆去开会，一眼瞥见领班小姐，貌若天仙，便上前搭讪。小姐莞尔一笑，用一种很不经意的口气说："先生，没看见你开车来哦！"他当即如五雷轰顶，大受刺激，从此立志加入有车族。后来，朋友和王立在一起吃饭，几杯酒下肚之后，朋友告诉王立，准备把开了一年的小轿车卖掉，换一辆新款的奔驰。然后又问王立买车了没有？王立老老实实地回答，还没有，而且在看得见的将来也没有这种可能性。他同情地看着王立："唉！一个男人，这一辈子如果没有开过车，那实在是太不幸了。"

这顿饭让王立吃得很惶惑。因为按他目前的收入水平，买辆好一点的车，他得不吃不喝攒上好几年。更糟糕的是，若他有一天终于买上了汽车，也许在他还没有来得及品味"幸福"的时候，一个有私人飞机的家伙对他说："作为一个男人，没开过飞机太不幸了！"那他这辈子还有救吗？

这个问题让王立坐立不安了很长时间。直到有一天，他无意中看到这样一段话：有菜篮子可提的女人最幸福。因为幸福其实渗透在我们生活中点点滴滴的细微之处，人生的真味存在于诸如提篮买菜这样平平淡淡的经历之中。我们时时刻刻拥有着它

◇纠错能力

们，却无视它们的存在。

王立恍然大悟。原来他的朋友在用一个逻辑陷阱蓄意误导他：没有汽车是不幸的。

但这个大前提本身就是错误的，因为"汽车"与"幸福"并无必然的联系。

在一个成功人士云集的聚会上，王立激动地表达了自己内心深处对幸福生活的理解："不生病，不缺钱，做自己爱做的事。"会场上爆发了雷鸣般的掌声。

成功只是幸福的一个方面，而不是幸福的全部。人们对"成功"的需求是永无止境的，没完没了地追求来自外部世界的诱惑——大房子、新汽车、昂贵的服饰等，尽管可以在某些方面得到物质上的快乐和满足，但是这些东西最终带给我们的是患得患失的压力和令人疲惫不堪的混乱。

在我们的生活中，有很多看起来很重要的东西，其实，它们与我们的幸福并没有太大关系。我们对物质不能一味地排斥，毕竟精神生活是建立在物质生活之上的，但又不能被物质约束。

面对这个已经严重超载的世界，面对已被太多的欲求和不满压得喘不过气的生活，我们应当学会用好生活的减法，把生活中不必要的繁杂除去，让自己过一种自由、快乐、轻松的生活。

舍一分利心，得一份简约

有些人对名利和财富异常重视，到死都不肯放手，但在死后，这些名利钱财都不再属于他们,活着的时候吝啬任何一点付出。当然,这并不意味着都要把千金散尽,而是告诉大家对待财物的态度应当保持自然,不要过于吝啬。适度的物质享受是合理的,一旦过度就成了奢侈;而死死攥住手里的钱,自己不肯用,更不肯施与他人,更是大错特错。

人从出生到死亡,不过是"赤条条来去无牵挂",在生命的过程中,如果只想着做一个守财奴,那么赚再多的钱也没有意义。这些钱在我们生时是束缚的枷锁,在我们死后不知又将成了谁的枷锁,不如舍去,换取更多的温暖。那些用了的钱财,才是自己的。

有位信徒对默仙禅师说:"我的妻子贪婪而且吝啬,对于做好事行善,连一点儿钱财也不舍得,你能到我家里来开导我妻子,让她能行些善事吗?"

默仙禅师是个痛快人,听完信徒的话,毫不犹豫地答应下来。

当默仙禅师到达那位信徒的家里时,信徒的妻子出来迎接,却连一杯水都舍不得端出来给禅师喝。于是,禅师握着一个拳头说:"夫人,你看我的手天天都是这样的,你觉得怎么样呢?"

信徒的妻子说:"如果手天天是这个样子,这是有毛病,畸形啊!"

默仙禅师说:"对,这个样子是畸形。"

接着,默仙禅师把手伸展开,并问:"假如天天这个样子呢?"

◇纠错能力

信徒的妻子说:"这个样子也是畸形啊!"

默仙禅师趁机说:"夫人,不错,这些都是畸形,对钱只知贪取,不知布施,是畸形;只知道花用,不知道储蓄,也是畸形。钱要流通,要能进能出,要量入而出。"信徒的妻子此时终于顿悟了。

握着拳头暗示过于吝啬,张开手掌则暗示过于慷慨,信徒的妻子在默仙禅师这样的比喻中,对为人处世、经济观念、用财之道都豁然开朗了。

有的人过于贪财,有的人过分施舍,这都不是禅道里所讲的财富观。我们应该知道喜舍结缘是发财顺利的原因,因为不播种就不会有收成。布施应该在不自苦、不自恼的情形下去做,在自己力所能及的情况下帮助别人,否则,就不是纯粹的施舍。

在现代社会,许多有钱人都乐善好施,对金钱可以慷慨解囊。他们认为,钱财并不总是给他们快乐,而做慈善事业反而让他们找回了幸福感,这是一种正确的财富观和布施方式。

对于普通的人来说,虽然没有大笔的财富,但也不必为了金钱而锱铢必较。钱财是为了让自己的日子越过越好,而不是让自己变得越来越提心吊胆,或者终日汲汲而求。

那些被我们牢牢攥在掌心的财富,原本就不可能永远为我们所有。在这个世界上,只有被自己用出去的钱财才是自己的。多布施一分钱财,就多舍去一分贪心,多收获一分善缘;多清空一分财富带来的负担,就多得到一分简单生活的真谛。

知足，可以止住人生的各种贪念

老子曾说："祸莫大于不知足，咎莫大于欲得。"这句话对于今天有着尤其特殊的意义。纵观今日一些落马之人，探其缘由，"祸咎"概莫能出其"不知足"和"欲得"之外。贪婪的欲望使很多人从马上倏然坠地，沦为"阶下囚"，甚至走上"断头台"。

自老子以后，很多先哲都提倡"知足知止"的教条，这个教条也确实在紧紧地约束着中国人的行止。比如庄子就是一个清心寡欲的人，他曾告诫人们："知足者，不以利自累也。"吕坤也有一言曰："万物安于知足，死于无厌。"

从古至今，人类始终难以摆脱贪欲之错。在欲望的支配下，人们会做出许多不可理解的事情。当欲望没有实现的时候，人们的心理就会失衡，就会产生抱怨情绪。所以，抱怨源自不知足，只有知足的人才能感受到人生的富足。

哲学家克里安德，当年虽已80高龄，却依然仙风道骨，非常健壮。

有人问他："谁是世上最富有的人！"

克里安德斩钉截铁地说："知足的人。"

曾有人问当代美国最富有的石油大王史泰莱："怎样才能致富？"

这位石油大王不假思索地回答："节约。"

◇纠错能力

"谁比你更富有？"

"知足的人。"

"知足就是最大的财富吗？"

史泰莱引用了罗马哲学家塞涅卡的一句名言回答说："最大的财富是无欲。"

知足者常乐，知足便不作非分之想；知足便不好高骛远；知足便安若止水、气静心平；知足便不贪婪、不奢求、不巧取豪夺。知足者温饱不虑便是幸事；知足者无病无灾便是福泽。过分的贪取、无理的要求，只是徒然带给自己烦恼而已。我们如果能够把握住自己的心，驾驭好自己的欲望，不贪得、不觊觎，做到寡欲无求，生活上自然能够知足常乐、随遇而安了。

知足不是自满和自负，不是装饰，不是自谦，而是知荣辱、乐自然。知足者能认识到无止境的欲望和痛苦，于是就干脆压抑一些无法实现的欲望，这样虽然看起来比较残忍，但它却减少了更多的痛苦。在能实现的欲望之内，拼命为之奋斗，一旦得到了自己的所求，快乐便油然而生，每上一个台阶，快乐的程度也会高出一个台阶。

只有经常知足，在自己能达到的范围之内去要求自己，而不是刻意强迫自己，自觉地知足，才能心平气和去享受独得之乐。

贪欲有毒，放下是唯一的解药

传说，在西方极乐世界的佛国，空中时常发出天乐，地上都是黄金装饰的。有一种极其美丽的花称为曼陀罗花，不论昼夜不间断地从天上落下,满地缤纷。初见曼陀罗的人,都会惊诧于它的美丽,然而谁都想不到的是如此美丽的花却有剧毒,犹如充满诱惑力的欲望,掩盖的却是万丈深渊。

欲望也不全是可怕的,人生也是活在欲望里的,但要是让欲望无穷无尽地蔓延开来,人生也就变得欲壑难填,难免变得可悲。很多时候,人的贪欲是永远无法满足的。人世间真正的痛苦往往源于对贪欲的执着追求。

有一对即将结婚的未婚夫妻,兴奋地憧憬着未来的美好日子,因为他们中了一张高额彩票,奖金是7.5万美元。可是,这对马上要结婚的新人,在中奖后的第二天,就为了"谁该拥有这笔意外之财"而闹翻了。

两人大吵一架,并不惜撕破脸,闹上法庭。为什么呢?因为这张彩票当时是握在未婚妻手中的,但是未婚夫气愤地告诉法官:"那张彩票是我买的,后来她把彩票放入她的包内,但我也没说什么,因为她是我的未婚妻嘛!可是,她竟然这么无耻、不要脸,说彩票是她的,是她买的!"

这对未婚夫妻在法庭上大声吵闹,各说各话,丝毫不妥协、不让步,所以也让法官伤透脑筋。

最后,法官下令,在尚未确定谁是谁非之时,发行彩票单位暂时不准兑现这笔奖金。而两位原本马上结婚的佳偶因争夺彩票的归属而变成怨偶,双方也决定取消婚约。

◇纠错能力

　　贪欲容易蒙蔽人的眼睛，使其难辨是非，不分幻想与现实，令人陷于痛苦的深渊。故事中的未婚夫妻正是被贪欲填充了心房，而忘却了彼此间的幸福与爱情所在。

　　托尔斯泰说"欲望越小，人生就越幸福"，同理，我们也可以说贪欲越大，就越容易致祸。我们一定要懂得舍弃，只有这样才能从贪婪中解脱，从而获得安宁。

第六章
消除不良情绪,远离自毁的倾向

小心错误认知,警惕失控情绪

第一节 和坏情绪较劲,等同于精神内耗

不良情绪是随时点燃的导火线

古代有这么一则笑话:

有个人被官府抓去坐牢,家人大惊失色,问他到底犯了什么事,他很委屈地说:"我就是在地上拣了一根草绳啊。"家人气坏了,心想这官府是怎么搞的,没有王法了,就是拣了一根草绳也要抓去坐牢啊。

家人们揪住官差的衣领,问他要个说法。官差气急败坏地大叫:"他要是拣了一根草绳还好,主要是草绳的那头是一头牛啊!"

绳子不重要,关键的是后面所牵引的东西,不良情绪就如这根绳子,不过它更厉害,是牵引着炸弹的绳子,换句话说就是:导火索!
我们在生活中会遇到这样的人:遇事非大喜则大悲,他们容易

◇纠错能力

因小事而大发脾气；不过，同样的，也极容易因喜乐而手舞足蹈。他们快乐时的天真烂漫，让很多人为之开心；但是，他们愤怒时的火暴脾气，却也令人避之不及。周遭的人很难适应这种大起大落的情绪发泄，纷纷敬而远之，故使他们的人际关系很难维持。

情绪是一种短暂爆发的力量，在情绪激烈的时候，人根本就找不到自己的方向，他的脑海里只有一个念头，再也容不下别的想法。在情绪的左右下做出冲动行为的人往往在事后非常懊恼，或者是百思不得其解：我为什么会做出那样的事情呢？

周末，乐乐和男朋友准备坐公交车去逛街，虽然车上很拥挤，但是两个人仍觉得非常开心。

在准备下车的时候，乐乐不小心踩了一个中年男子一脚。乐乐的"对不起"还没有说出口，这个男人就大声训斥起来。刚开始，乐乐觉得是自己的错，就没有顶撞他，可是这个男人越说越过分，得理不饶人了，嘴里边的话也越来越难听。

忽然，乐乐还没有看清楚，男朋友一个巴掌上去，给了那个男的一下。乐乐简直都惊呆了，男朋友可是很绅士、很有风度的人，今天怎么就这么厉害，敢打人了呢？乐乐愣住了，那个男人也住声了，竟然不知道怎么反应了。

正好车停靠站了，乐乐拉着男朋友赶紧冲了下去，一溜烟跑了。跑到安静的地方，乐乐一看，男朋友的脸还是红红的，手也在不停地发抖，嘴里边还一个劲儿地嘀咕："我竟然打了别人一巴掌。"

情绪的产生就是这么悄无声息，在乐乐甚至都没有意识到的时候，男朋友居然做出了如此过激的行为，内心的愤怒情绪使平时绅士十足的男孩子愤而出手，可见情绪的力量是多么巨大！

一切的情绪都来源于自身，自己才是一切情绪的制造者。既然不良情绪很容易引起过激的行为，在遇到一些不愉快时，我们要三思而后行，尽可能控制自己的不良情绪，这样才能避免发生严重的冲突和伤害事件。

恐惧是摧毁你的敌人

恐惧是人类最大的敌人。不安、忧虑、嫉妒、愤怒、胆怯等，都是恐惧的表现。恐惧剥夺了人的幸福与能力，使人变为懦夫；恐惧使人失败，使人流于卑贱。恐惧能摧残一个人的精神和意志，同样也能摧毁一个人的生命。

一个美国电气工人，在一个周围布满高压电器设备的工作台上工作。他虽然采取了各种必要的安全措施来预防触电，但心里始终有一种恐惧，害怕遭高压电击而送命。

有一天，他在工作台上碰到了一根电线，立即倒地而死，身体呈现触电致死者的一切症状：身体皱缩起来，皮肤变成了紫红色与紫蓝色。但是，验尸的时候却发现了一个惊人的事实：当那个不幸的工人触及电线的时候，电线中并没有电流通过，电闸也没有合上——他是被自己害怕触电的自我暗示杀死的。

◇纠错能力

　　一个成年人可能会因为过度恐惧而死亡，或者得了恐惧症。一位女士因为总是害怕鬼而导致晚上不敢独自睡觉；房间的门后不能挂衣服，因为她能想象出那是一个鬼站在那里，甚至连他的模样都想象得逼真；大白天一个人逛商场，不敢在无人陪同的情况下去洗手间……过度恐惧就是一种病症，需要多一点勇气战胜怯懦。有时候一个成年人的胆量甚至不及一个小女孩。

　　19世纪50年代，有一天，一个美国家里的一个10岁小女孩被母亲遣到磨坊里向种植园主索讨50美分。

　　园主放下自己的工作，看着那小女孩敬而远之地站在那里，便问道："你有什么事情吗？"小女孩没有移动脚步，怯怯地回答说："我妈妈说想要50美分。"

　　园主用一种可怕的声音和斥责的脸色回答："我绝不给你！你快滚回家去吧，不然我用锁锁住你。"说完继续工作。

　　过了一会儿，他抬头看到小女孩仍然站在那儿不走，便掀起一块桶板向她挥舞道："如果你再不滚开的话，我就用这桶板教训你。趁现在我还……"话未说完，那小女孩突然像箭一样冲到他前面，毫无恐惧地扬起脸来，用尽全身气力向他大喊："我妈妈需要50美分！"

　　慢慢地，园主将桶板放了下来，手伸向口袋里摸出50美分给了那小女孩。她一把抓过钱，便像小鹿一样推门跑了，留下园主目瞪口呆地站在那儿回顾这奇怪的经历——一个小女孩竟然毫无恐惧地面对自己，并且镇住了自己。在这之前，整个种植园里的工人们似乎从没敢想过。

马克·富莱顿说:"人的内心隐藏任何一点恐惧,都会使他受魔鬼的利用。"爱因斯坦说:"人只有献身社会,才能找出那实际上是短暂而有风险的生命意义。"

现实中,有些人简直对一切都怀着恐惧之心:他们怕风,怕受寒;他们吃东西时怕有毒,经营生意时怕赔钱;他们怕人言,怕舆论;他们怕困苦的到来,怕贫穷,怕失败,怕收获不佳,怕雷电,怕暴风……他们的生命,充满了怕、怕、怕!

恐惧能摧残人的创造精神,足以泯灭个性而使人的精神功能趋于衰弱。人一旦心怀恐惧,充满不祥的预感,则做什么事都不可能有效率。恐惧代表着、指示着人的无能与胆怯。它,从古到今都是人类最可怕的敌人。

要想战胜内心的恐惧,我们就要从内心正视自己的恐惧,认清它的荒唐无稽之处,然后,毫不犹豫地甩掉它,轻轻松松、潇潇洒洒地生活。

冲动有时是"魔鬼"

人们常说,没有理智的冲动,将会付出沉重的代价。很多人在面对一些不顺的事情时,特别容易产生冲动情绪。此时冲动就像决堤的洪水那样淹没人的理智,让人做出不可思议的蠢事,甚至招来杀身之祸。

◇纠错能力

　　张飞脾气有些冲动，常常因为一些事而大动肝火。当他得知关羽败走麦城而丧命时，旦夕号泣，血泪衣襟，愤恨不已，发誓定要血刃仇人。

　　张飞下令军中，限三日内置办白旗白甲，三军挂孝伐吴。次日，两员末将范疆和张达告诉张飞："白旗白甲，一时无可措置，须宽限时日。"

　　张飞大怒，喝道："我急着想报仇，恨不得明日便到逆贼之境，你们怎么敢违抗我的命令！"说罢，便让武士把二人绑在树上，每人在背上鞭抽了50下。

　　打完之后，张飞余怒未消，用手指着两人说："明天一定要全部完备！若违了期限，就杀你们二人示众！"

　　被打得满口吐血的两人到帐中商议，范疆说："今日受了刑责，倒也无所谓，可我们怎么可能在短短一天内将装备筹措齐备？张飞性暴如火，如果明天置办不齐，你我皆有杀身之祸。"

　　张达说："张飞爱酒，每日必饮。如果我们两个不应当死，那么他就醉在床上；如果应当死，那么他就不醉好了。"当下商议妥当。

　　当天晚上，张飞又哭又骂，喝得烂醉如泥，卧在帐中，鼾声如雷。范张二人探知消息，心中大喜。

　　初更时分，两人各怀利刃潜入帐中，摸到张飞床前，突见张飞双目圆睁，躺在床上。两人大惊，刚欲逃走，又听得张飞打起了鼾，但眼睛仍然睁着。原来张飞睡觉时眼睛是睁开的。

　　两人不再犹豫，斩下张飞的首级，骑快马星夜逃奔东吴去了。

西方有句经典谚语："上帝要想让他灭亡，必先使他疯狂！"冲动有时就是魔鬼，往往因为一时之气而酿成大错，甚至永远无法挽回。因此，对很多人而言，冲动是永远吃不完的后悔药。

某大公司老板巡视仓库，发现一个工人正坐在地上看连环画。老板最恨工人在工作时间偷懒，于是怒不可遏地问："你一个月挣多少钱？"

"1000元。"工人回答。老板立刻掏出1000元给他，并大叫："拿了钱给我滚！"

事后，老板责问后勤主管："那工人是谁介绍来的？"主管说："那人不是公司员工啊，他是其他公司派来送货的。"

当然，这只不过是一个笑话，但也从一个侧面反映了人在冲动之时失去理智的情形。生活中，如果不分青红皂白，一时的冲动很有可能会断送自己的大好前程，造成严重的后果。

冲动是理智的屠刀。人一旦情绪冲动，往往表现出身不由己，敢做平时不敢做的事情，愿做平时不愿意做的事情，就好像失去理智的罪犯那样走上极端，亲手毁掉自身的幸福。所以，不能轻易冲动，学会忍耐，把魔鬼赶得无影无踪，用平常、平淡之心，理智地对待各种事情。

暴躁是不幸的导火索

《世说新语》中记载了一个脾气很大的人，叫王蓝田。

◇纠错能力

东晋王蓝田是一个很性急的人，脾气极为暴躁。有一次，王蓝田在家里吃鸡蛋，想用筷子扎鸡蛋挑起来吃。结果鸡蛋圆滚滚、滑溜溜的，一筷子下去居然没有扎中。王蓝田因此暴跳如雷，一下就把鸡蛋扔到了地上，结果鸡蛋在地上还转个不停，仿佛在挑衅一般，王蓝田更加愤怒了，一脚踩上去想把鸡蛋踩扁，结果居然还没踩中！王蓝田简直快要被鸡蛋气疯了，一把捡起鸡蛋，放在嘴巴里，狠狠嚼碎之后又恶狠狠地吐了出来，心里这才舒服了一些。

据说，同时代的王羲之听说了这件事情后，摇着头说："就算是比王蓝田更加有才气的王安期，如果脾气这么坏那也简直一无是处了，更何况是王蓝田呢！"

可见，在王羲之的眼里，真正有本事的人首先应该是没脾气的，一个人脾气暴躁，便一无是处了。

北宋大儒程颢曾说过："夫人之情，易发而难制者，唯怒为甚。第能于怒时，遽忘其怒，而观理之是非，亦可见外诱之不足恶，而于道亦思过半矣。"意思就是人一定要恪守"中和"之道，抑制住自己的情绪，而在所有情绪当中，最容易过头并且难以抑制的，就是愤怒，如果一个人能在愤怒的时候控制自己，想明白自己愤怒的缘由，那本身就算是一桩大本事了。

也许，有的人认为只要自己有才华就可以傲视天下了。要知道，这个世界上从来就不缺人才！缺少的是一份控制自己的心态，一份属于成功和卓越的心态！一旦拥有它，与它为伍，你将成为一名从容淡定、冷静的人。

　　小迟是一名成绩优秀的大学生，从小到大没有受过什么挫折，总是一帆风顺，再加上成绩优异，父母以他为荣，父母的宠爱使小迟养成了刚愎自用的性格，容不得他人对自己有任何的批评，还常常自我感觉良好。在上学期间，他没有收获什么知心的朋友。但是自以为是的他并没有反省自己，而是认为别人不对。

　　到了工作的时候，出色的仪表让他获得了经理助理的职位，并负责对外联络。

　　一次工作时间，他接了个私人电话，由于兴奋，不时发笑，声音太大，有个同事忍不住说了他一句："说话声小点好吗？"他随即挂了电话，脸上的表情360度大转弯，几乎是咆哮着喊："我接个电话犯得着如此吗？"

　　谁知对方也不示弱："这是办公地方，要打到外边去！没人吃你那套！"一来二去，本来一点小事，却演变成了一顿恶吵，最后在大家的劝说下才终止。

　　事后，小迟很后悔，拉不下面子道歉，工作也开始分心，总觉得同事在背后议论他的不是，此事也成了他心中的一块巨石。

　　暴躁是对自己的折磨，也是对他人的无情伤害，有时候也可能是不幸的开始。一个暴躁的人怎么可能赢得他人的关注和帮助，怎么可能清醒而理智地处理各类事情，又怎么可能在困难和坎坷中做到平静而坚韧呢？

◇纠错能力

其实，生活中几乎99%的事用不着冲动发火，而剩下的1%是你发火也改变不了的状态。既然如此，我们何不冷静处理一切呢？众所周知，人在失控时最容易做出错误的判断，而这往往也是不幸的导火索。

自卑，无形的自我绑缚

不知你是否相信，每个人的心中都住着一个邪恶的"神"，它的名字叫自卑。貌美如花的女子会忧虑自己没有足够的聪明，虽然她确实聪颖，但时常听别人说漂亮的女人没大脑，不禁会对自己的能力产生怀疑；富可敌国的大商家，有可能为自己那鲜为人知的身世而自卑……总之，很多人都会因为自己内心的"邪恶之神"而痛苦，有认为自己不漂亮的，也有抱怨没能力赚大钱的，更有为自己没受过良好教育而自卑的……

有的是先天的，无法改变的——外表、家庭；也有的是后天自寻烦恼的——没学历、不聪明……自卑的人总是习惯于拿自己的短处和别人的长处相比，结果越比越觉得不如别人，形成自卑的心理。内心的自卑，对一个人的成长和发展是不利的。

法国科学家维克多·格林尼亚是一位从自卑走向成功的人。格林尼亚出生于一个百万富翁之家，从小过着优裕的生活，养成了游手好闲、摆阔逞强、盛气凌人的浪荡公子恶习。

但有一次，一直春风得意的格林尼亚遭到了重大打击。一次午宴，他对一位从巴黎来的美貌女伯爵一见倾心，像见了其他漂亮女人一样，追上前去，但只听到一句冷冰冰的话："……请站远一点，我最讨厌被花花公子挡住视线！"女伯爵的冷漠和讥讽，第一次使他在众人面前羞愧难当。突然间，他发现自己是那样渺小，那样被人厌弃，一种油然而生的自卑感令他感到无地自容。

他满含耻辱地离开了家，只身一人来到里昂。在那里，他隐姓埋名，发愤求学，进入里昂大学插班就读。他断绝一切社交活动，整天泡在图书馆和实验室里。这样的钻研精神赢得了有机化学权威菲利普·巴尔教授的器重。在名师的指点和自己的长期努力下，格林尼亚发明了"格式试剂"，发表了200多篇学术论文，被瑞典皇家科学院授予1912年度诺贝尔化学奖。

自卑的人随处皆是，有的被"邪恶之神"所打倒，但也有许多人从自卑中超越自己，走向成功。法国伟大的启蒙思想家、文学家卢梭，曾为自己是孤儿，从小就流落街头而自卑；存在主义大师、作家萨特两岁丧父，一眼斜视，一眼失明，失去亲情以及身体的残疾使他产生极重的自卑；法国第一帝国皇帝、政治家、军事家拿破仑年轻时，曾为自己的矮小和家庭贫困而自卑；美国英雄总统林肯出身农庄，幼时丧母，只受了一年的学校教育就下田劳动，他也曾深深为自己的身世而自卑。

很多自卑者，总是一味轻视自己，总感到自己这也不行、那也不行，什么也比不上别人。这种情绪一旦占据心头，结果是对什么都不感兴趣，忧虑、烦恼、焦虑纷至沓来。倘若遇到一点困难或者挫折，

◇纠错能力

更是长吁短叹、消沉绝望,那些光明、美丽的希望似乎都与自己断绝了关系。这与现代人应该具备的自信气质和宽广胸怀是格格不入的,必须引起人们的警觉。

事实上,自卑只是一种徒然的自我折磨,是一种无形的自我绑缚,因为它不会给人以激励,不会给人以力量,反而会摧残人的身心,偷走人的骨气。容忍它的存在无疑是百害而无一利。

有句话说:"天下无人不自卑。"无论圣人贤士、富豪王者,抑或贫农寒士、贩夫走卒,很多人都是有过自卑感的。但若想成大事,就必须战胜自卑感。

抱怨只会让事情更糟

孔雀向王后朱诺抱怨说:"王后陛下,我不是无理取闹来诉说,您赐给我的歌喉,没有任何人喜欢听,可您看那黄莺小精灵,唱出的歌声婉转,它独占春光,出尽风头。"

朱诺听到孔雀的抱怨,严厉地批评道:"你赶紧住嘴,嫉妒的鸟儿,你看自己的脖子四周,如一条七彩丝带。当你行走时,舒展的华丽羽毛出现在人们面前,就好像色彩斑斓的珠宝。长得如此美丽,你难道好意思去嫉妒黄莺的歌声吗?和你相比,这世界上没有任何一种鸟能像你这样受到别人的喜爱。一种动物不可能具备世界上所有动物的优点。我们赐给大家不同的天赋,有的天生长得高大威猛;有的如鹰一样的勇敢,鹊一样的敏捷;乌鸦则有可以预告未来之声。大家彼此相融,各司其职。你应该停止抱怨,不然的话,作为惩罚,你将失去美丽的羽毛。"

第六章 消除不良情绪，远离自毁的倾向

在生活中，经常会有这样一些人，他们总是抱怨自己人生的不如意，生不逢时。他们今天抱怨这个，明天抱怨那个，仿佛一刻不说抱怨的话，就感受不到心理的平衡，并由此而产生了一系列的矛盾与烦恼。这样，他就越来越孤独，越来越被排挤，越来越远离快乐和成功。

"烦死了，烦死了！"一大早就听小蔡不停地抱怨，一位同事皱皱眉头，不高兴地嘀咕着："好好的心情，全被她给吵坏了！"

小蔡是公司的行政助理，事务繁杂，是有些烦，可谁叫她是公司的管家呢。事无巨细，不找她找谁？

其实，小蔡性格开朗，工作认真负责，虽说牢骚满腹，但该做的事情，一点也不曾怠慢。设备维护、办公用品购买、交通费、订机票、订客房……小蔡整天忙得晕头转向，恨不得长出八双手来。再加上待人热情，中午懒得下楼吃饭的同事还请她帮忙叫外卖。

刚交完电话费，财务部的老王来领胶水，小蔡不高兴地说："昨天不是刚来过吗？怎么就你事情多，今儿这个、明儿那个的。"抽屉开得噼里啪啦，翻出一个胶棒，往桌子上一扔："以后东西一起领！"小李正在一旁，又不好说什么，忙赔笑脸："你看你，每次找人家报销都叫亲爱的，一有点事求你，脸马上就长了。"

大家正笑着呢，销售部的张丽风风火火地冲进来，原来复印

◇纠错能力

机出故障了。小蔡脸上立刻晴转多云，不耐烦地挥挥手："知道了。烦死了！和你说一百遍了，先填保修单。"单子一甩，"填一下，我去看看。"小蔡边往外走边嘟囔，"综合部的人都死光了，什么事情都找我！"对桌的小王气坏了："这叫什么话啊？我招你惹你了？"

小蔡态度虽然不好，可整个公司的正常运转真是离不开她。虽然有时候被她抢白得下不来台，也没有人说什么。可是，那些"讨厌""就你事情多""不是说过了吗"……实在是让人不舒服。特别是同办公室的人，小蔡一嚷嚷，他们头都大了。"拜托，你不知道什么叫情绪污染吗？"这是大家的一致反应。

年末的时候，公司民主选举先进工作者，大家虽然都觉得这种活动老套可笑，暗地里却都希望自己能榜上有名。奖金倒是小事，谁不希望自己的工作得到肯定呢？领导们认为先进非小蔡莫属，可一看投票结果，50多张选票，小蔡只得12张。

有人私下说："小蔡是不错，就是嘴巴太厉害了。"

小蔡很委屈："我累死累活的，却没有人体谅……"

通过这个故事可以看出，尽管小蔡做的事情很多，可是因为她总是批评和抱怨自己的同事，导致她在同事之中并不得人心。

一些人常常以为自己通过抱怨可以博得别人的同情，但就像鲁迅笔下的祥林嫂一样，不幸的事情在别人的耳朵里已经长茧，当初的同情也可能化成嘲笑，最终成为别人茶余饭后的笑柄。

现实生活中，抱怨会使自己的情绪恶化，看什么都不顺眼，使自己陷入一种自己制造出来的消极情境之中。经常抱怨也会变成一种习惯，遇到压力或不如意之事，便先抱怨一番，这是很可怕的事。

不论我们遭遇到的是什么境况，喋喋不休地抱怨注定于事无补，还会把事情弄得更糟。

疑心太重，实则自寻烦恼

现实中，有些人总喜欢猜疑他人，这无异于把自己封闭起来，没完没了地自寻烦恼。俗话说："害人之心不可有，防人之心不可无。"正常的猜疑人皆有之，但多疑是猜疑的极端状态，是心理失衡的表现。

疑心太重、有太强戒备心理的人，总不肯对他人说心里话，因此别人就会感到这个人"不实在""不好捉摸"，自然就不太想与他交往。人与人之间的关系因为猜疑而不能开诚布公地相互交流，彼此之间缺乏温暖，变得麻木，变得冷漠凄凉。《红楼梦》中的林黛玉，就是个疑心病很重的人。她是位聪慧的女子，然而却把自己的天资也用于猜忌别人上，处处猜测怀疑，草木皆兵，既伤了自己的心，也伤了别人的心。《红楼梦》第七回中写道：

> 周瑞家受薛姨妈之托，将十二枝宫花送给几位姑娘，她顺路将花先后送给迎春、探春、惜春和凤姐等人，最后送给黛玉。
>
> 周瑞家的进来笑道："林姑娘，姨太太着我送花儿与姑娘戴来了。"宝玉听说，便先问："什么花儿？拿来给我。"一面早伸手接过来了。开匣看时，原来是宫制堆纱新巧的假花儿。黛玉

◇ 纠错能力

只就宝玉手中看了一看,便问道:"是单送我一人的,还是别的姑娘们都有呢?"周瑞家的道:"各位都有了,这两枝是姑娘的了。"黛玉冷笑道:"我就知道,别人不挑剩下的也不给我。"周瑞家的听了,一声儿不言语。

区区小事,林黛玉却无端怀疑,令人难以接受。不仅得罪了周瑞家的,而且还会引起薛姨妈和众姐妹的不满。她的这种性格缺陷严重影响了她的人际交往,使大家对她都有戒心,有事瞒着她,有话也不敢对她说。心胸狭窄,猜忌别人,会使人际关系产生种种误解和隔阂,这是人际交往中的大忌。

现实中,有些人处处表现出一种"防人之心",时时表现出一种强烈的"猜疑他人的戒备心理",他们整天疑心重重,处处神经过敏,很难相信他人,结果使自己的日子很不好过,他们透过"怀疑"的镜片看这个世界的一切,正常的一切在他们的眼中都变了颜色。

这样的人际关系很糟糕,没有知心朋友,自身虽十分苦恼却找不出原因,甚至有的人因为猜疑,夫妻离异、朋友反目。仔细想想,也怪不得他人,谁愿意和一个整天猜疑的人生活在一起呢?

他们搞不好人际关系的根本原因就在于不信任他人。俗话说:"疑人不用,用人不疑。"假如一位领导对自己的下属总是疑这疑那,常常曲解下属善意的、正常的言行,那么哪个下属愿意跟着他做事呢?

正如英国思想家培根所说:"猜疑之心有如蝙蝠,它总是在黄昏中起飞。这种心情是迷惑人的,又是乱人心智的。它将最终导致一个人做错事情。"

多疑的人在生活中完全丧失自我，总是以别人为生活的重心，总是会在一种不安宁的情绪状态中徘徊，总是将事实都建立在自己的假想之上。这种人一般很难有真正的朋友，因为他们的多疑会让和他们在一起的人感到巨大的压力，并且还会伴随着一种不安全感。久而久之，他们只会陷入无尽的压力和烦恼之中，生活在用猜疑编织的苦闷而虚无的世界中。

与坏情绪较劲，就是与自己较劲

在非洲草原上，有一种不起眼的动物叫吸血蝙蝠，它的身体极小，却是野马的天敌。这种吸血蝙蝠靠吸食动物的血液生存。在攻击野马时，它常附在野马腿上，用锋利的牙齿迅速、敏捷地刺入野马腿的皮肤里，然后用尖尖的嘴吸食血液。无论野马怎么狂奔、暴跳，都无法赶走它们。吸血蝙蝠可以从容地吸附在野马身上，直到吸饱才满意而去。野马往往是在暴怒、狂奔、流血中无奈地死去。

动物学家们百思不得其解，小小的吸血蝙蝠怎么会让庞大的野马毙命呢？于是，他们进行了一项实验，观察野马死亡的整个过程。结果发现，吸血蝙蝠所吸的血量是微不足道的，远远不会使野马毙命。但通过进一步分析得出结论：一致认为野马的死亡是它暴躁的习性和狂奔所致，并不是因为吸血蝙蝠吸血致死。

一个理智的人，必定能控制住自己所有的情绪与行为，不会像野马那样为一点儿小事抓狂。当你在镜子前仔细地审视自己时，你会发现你既是自己最好的朋友，也是自己最大的敌人。

◇纠错能力

很多时候，我们总是与坏情绪较劲。比如：上班时堵车堵得厉害，交通指挥灯仍然亮着红灯，而时间很紧，你烦躁地看着手表的秒针。终于亮起了绿灯，可是你前面的车子迟迟不开动，因为开车的人思想不集中，你愤怒地按响了喇叭，那个似乎在打瞌睡的人终于惊醒了，仓促地挂上了挡，而你却在几秒钟里把自己置于紧张且不愉快的情绪之中。

人生的路上不会一帆风顺，我们难免会产生各种情绪。但是如果总揪着坏情绪不放，总对别人各种谴责和不满，总在情绪的支配下去处理事情，怎么可能有好的效果呢？其实，与坏情绪较劲，就是在与自己较劲，这无疑是给自己戴上了紧箍咒，让自己背负沉重的思想负担。所以，请接受生活中的不完美，请容纳别人不经意犯下的错误，也不要让自己为鸡毛蒜皮的事情而抓狂。

当抑制不住自己的情绪时，要学会问自己：一年前抓狂时的事情现在来看还那么重要吗？

走出情绪死角，才能远离精神内耗

一个人在森林中徒步行走，他眼角的余光突然发现了一条长而弯曲的东西，他脑子里蓦地窜出蛇的样子，于是下意识地跳到了一块石头上。但他仔细察这个东西后，紧张的心情释然了，原来那是一根青藤而不是蛇。

这个人在刚看到青藤时的反应被称为应激反应，是大脑的情绪反应与智力反应的通路。在应激状态下，出现于大脑中的情绪与智力的通路是正常的、可以理解的。然而，有些人稍遇情绪波动就产生这种通路，产生感情冲动，以感情代替理智、以感情冲击理智。这类人很难调节自己的情绪，很容易走进情绪死角。

苏珊娜最近的精神状态很糟糕，她不得不去咨询心理医生。

她第一次去见心理医生时，一开口就说："医生，我想你是帮不了我的，我实在是个很糟糕的人，老是把工作搞得一塌糊涂，肯定会被辞掉。就在昨天，老板跟我说我要调职了，他说是升职。要是我的工作表现真的好，干吗要把我调职呢？"

可是，慢慢地，在那些泄气话背后，苏珊娜说出了她的真实景况。原来她在两年前拿了个MBA学位，有一份薪水优厚的工作。这哪能算是一事无成呢？

针对苏珊娜的情况，心理医生要她以后把想到的话记下来，尤其在晚上失眠时想到的话。

在他们第二次见面时，苏珊娜列下了这样的话："我其实并不怎么出色，我之所以能够冒出头来完全是侥幸。""明天定会大祸临头，我从没主持过会议。""今天早上老板满脸怒容，我做错了什么呢？"

她承认说："就在一天里，我列下了26个消极思想，难怪我经常觉得疲倦，意志消沉。"

苏珊娜直到自己把忧虑和烦恼的事念出来后，才发觉自己为了一些假想的灾祸浪费了太多的精力。烦恼是一种不良的情绪，也是一种毫无意义的精神内耗。因此，请忘掉自我，专心投入当前要做的事情

◇纠错能力

上，这样可以克服紧张的情绪，保持一种泰然自若的心态。许多事情过后，你会发现那不过是庸人自扰，根来没有原先想象的那么复杂、困难。何苦非要与自己过不去呢？

世上本无事，庸人自扰之。有些时候，并不是烦恼在追着你跑，而是你追着它不放，就像故事中的苏珊娜一样。大凡终日烦恼的人，实际上并不是遭到了多大的不幸，而是自己的内心对生活的认识存在片面性。因此，要学会走出情绪死角。

真正聪明的人即使处在烦恼的环境中，也往往能够寻找自己的快乐。但是，如果总是为不期而至的意外烦恼不已，或妄自菲薄，或悲观失望，结果让自己的生活变得更糟糕，这样做不是很愚蠢吗？

生活本不是万事顺心的，如果总是被坏情绪所拿捏和折磨，持续做精神上的内耗者，那生活的意义又在哪里呢？

第二节　赶走错误的坏情绪，才能迎来开挂的人生

诚实面对情绪，正视自己的不安

詹姆斯是一家餐厅的老板，有一天他忘记关上餐厅的后门，结果早上三个武装歹徒闯入抢劫，他们要挟詹姆斯打开保险箱。由于过度紧张，詹姆斯弄错了一个号码，造成抢匪的惊慌，开枪射击詹姆斯。

他躺在地板上，内心充满了绝望。但是很快，詹姆斯努力让自己振作起来，因为在生和死面前，他还是更乐于选择前者。很快，幸运的詹姆斯被邻居发现了，被紧急送往了医院。

在被推入手术的路上，詹姆斯看到医生跟护士脸上忧虑的神情，真的被吓到了，他们的脸上好像写着——他已经是个死人了！但是，这时候的詹姆斯特别镇定，他只有一个想法：虽然我中弹了，但是我一定能够活下来。

手术之前，有个护士用吼叫的音量询问他是否会对什么东西过敏。

詹姆斯回答说："有。"

这时，医生跟护士都停下来等待他的回答。他深深地吸了一口气，喊着："子弹！"

医生和护士们显然愣了一下，之后他们笑了起来。等他们笑完之后，詹姆斯说："我现在选择活下去，请把我当作一个活生生的人来开刀，不是一个活死人。"

经过18小时的外科手术以及长时间的悉心照顾，詹姆斯终于出院了，虽然还有块弹片留在身体里，但是詹姆斯比以前活得更加快乐了。

当詹姆斯面临着死亡的威胁时，他并没有抱怨命运的不公。虽然他的内心充满了恐惧，但他正视自己的畏惧，并坚定地告诉医生："我现在选择活下去。"还有什么比对生的渴望更有力量的呢？不是每个人都会面临死亡的威胁，但每个人却都会遇到逆境和不如意。所以，当境遇不如意时，请不要烦躁、慌乱，甚至是灰心丧气。虽然眼下的境况和想象有很大的差距，但是先接受它，就会有能力改变它。

那些内心踏实的人，往往能够认同自己的长处，接受自己的缺

◇纠错能力

点，悠然自得，从来不会透过他人的目光来肯定自己；而没有安全感，内心充满不安的人，常常质疑自己的重要性，他们或者将自己的成就昭告天下，以博得赞赏，或者反复诉说不幸的遭遇，以换取同情。久而久之，他们习惯了用各种方式掩饰自己的不安，而终于成为一个痛苦的人。

虽然有时候我们常常会因为遇到了困难而暴躁不安，可是苦难不会因为你的坏情绪而消失。所以，处于各种不顺的逆境时，要诚实坦然地面对情绪，正视内心的不安。只有这样，自己的快乐指数才不会成为负数。

让理智代替易怒

曾有智者说过，人性中最大的两个弱点是愤怒与欲望。的确，在所有的负面情绪中愤怒是最激烈的一种，并且也是影响最大的一种。愤怒的情绪除了能伤害他人外，更多的反作用力会指向自己。

1943年，第二次世界大战著名将领巴顿在去战后医院探访时，发现一名士兵蹲在帐篷附近的一个箱子上，显然没有受伤，巴顿问他为什么住院，他回答说："我觉得受不了了。"

医生解释说他得了"急躁型中度精神病"，这是第三次住院了。巴顿听罢大怒，多少天累积的火气一下子发泄出来，他痛骂了那个士兵，用手套打他的脸，并大吼道："我绝不允许这样的胆小鬼躲藏在这里，你的行为已经损坏了我们的声誉！"说完气愤地离开……

第二次来，又见一名未受伤的士兵住在医院里，顿时变脸，问："什么病？"士兵哆嗦着答道："我有精神病，能听到炮弹飞过，但听不到它爆炸。"巴顿勃然大怒，骂道："你个胆小鬼！"

接着，巴顿打他耳光："你是集团军的耻辱，你要马上回去参加战斗，但这太便宜你了，你应该被枪毙。"说着，抽出手枪在他眼前晃动……很快，巴顿的行为传到艾森豪威尔耳中，他说："看来巴顿已经达到顶峰了……"

狂躁易怒的性格，使本有前途的巴顿无法再进一步。面对有心理障碍的士兵，他不是认真了解情况，加以鼓励，而是大打出手，完全失去了一个指挥官应有的风度修养，破坏了自己在大家心目中的形象，因此失去了晋升的机会。遗憾之余，让人想起了一句话：性格决定命运。

我们生气的时候，要冷静下来确实有点难度，但如果不控制怒气，只会损失更大。看过著名影片《勇敢的心》的人一定记得片中一段关于英格兰国王临终前的景象：王妃因求情也未能救下华莱士，而对老国王心怀怨恨，在国王不能行动也不能说话之际，靠在他的身边，轻轻地说了一句话，就将老国王置于死地。那么王妃说的是什么呢？她只是平静地报复他，说她怀的孩子是华莱士的，而非国王的。国王一命呜呼就是由于自己愤怒的情绪。

正如培根所说："愤怒就像地雷，碰到任何东西都一同毁灭。"还是让我们以平和的心境来对待生活中繁杂的事情吧。莎士比亚说：

◇纠错能力

"不要因为你的敌人燃起一把火,你就把自己烧死。"当你的感情胜过理智时,你将成为感情的奴隶;只有战胜自己的感情,才能真正获得自由。

如果不注意培养自己忍耐、心平气和的性情,培养人际交往中必需的情商,遇到一丝火星就暴跳如雷,情绪失控,就会把人缘全都炸掉。

因此,我们要学会用理智代替愤怒,只有情商较低的人才会不懂控制怒火,成为怒气伤害的对象。与此同时,对于怒火要学会自我疏导,而非一味克己忍让,只有让它用一个合适的渠道发泄才会不至伤人伤己。

平息内心的冲动火苗

人们形容某些幼稚的行为举动,常会用"冲动"来说明。也有些不负责任的人,在做了错事之后不敢承担责任,用"一时冲动"来替自己辩解。人要想在竞争激烈的环境中有所作为,必须学会克制住冲动,否则会一发不可收拾,后果也许令我们难以承受。

控制自己的冲动是非常不容易的,因为我们每个人的心中都存在着理智与感情的斗争。为情所动时,不要有所行动,否则会将事情搞得一团糟。

谨慎之人察觉到情绪冲动时,会即刻控制并将其消退,避免因热血沸腾而鲁莽行事。短暂的爆发会使人不能自拔,冲动情绪之下只会丧失敏锐的判断力,最终做出令人抱憾的决定。

有一对年轻的夫妇，妻子因为难产死去了，孩子活了下来。男人一个人既要工作又要照顾孩子，有些忙不过来。于是他训练了一只狗，那只狗既听话又聪明，还可以帮他照看孩子。

有一天，男人外出，像往日一样让狗照看孩子。他去了离家很远的地方，所以当晚没有赶回家。第二天一大早他急忙往家里赶，狗听到主人的声音摇着尾巴出来迎接，他发现狗满口是血，打开房门一看，屋里也到处是血，孩子居然不在床上……他全身的血一下子都涌到头上，心想一定是狗的兽性大发，把孩子吃掉了，盛怒之下，拿起刀来把狗杀死了。

就在他悲愤交加的时候，突然听到孩子的声音，只见孩子从床下爬了出来，男人感到很奇怪。他再仔细看了看狗的尸体，这才发现狗后腿上有一大块肉没有了，而屋门的后面还有一只狼的尸体。原来是狗救了小主人，却被主人误杀了。

男人在一刀带来的痛快之后，很快就尝到了痛苦的滋味。他痛失爱犬，而所有的结局全由那冲动的一刀所致，这不能不说是件很遗憾的事。

在遇到一些情况时，我们需要的是冷静，而非冲动，凡是都要三思而后行。永远不要让自己的嘴巴和手脚跑得比大脑快，能克制住冲动的人才可能具有成功的品质。

不要让嫉妒心毁了自己

拥有嫉妒心的人是心胸狭窄的人，这样的人往往没有容人之量。

◇纠错能力

无论什么时候，千万不要嫉妒别人，因为嫉妒别人到了最后就是在害自己。如果那样的话，人际关系肯定不会好的，也会因为嫉妒别人而遭到别人厌烦。

有嫉妒心理的人，总是在找别人的毛病，会经常无端地挑起是非，但是他忘了一点，那就是他自己本身就有很多缺点。只是他总在找别人的毛病，而忽略了自己的毛病，这样的人活得太累了。心胸狭隘的人常常因为自己的嫉妒心理使得心生怒火。

《三国演义》中，诸葛亮才智过人，而周瑜则心生嫉妒，于是他就想方设法除掉诸葛亮。

周瑜和诸葛亮约定，如果周瑜夺取南郡失败，刘备再去夺取南郡。周瑜第一次夺取南郡失利还受了伤。虽然随后他将计就计，打败了曹兵，但是诸葛亮却乘机夺取了南郡等地，这样诸葛亮既没有违约，又夺取了地盘。这使得周瑜很是生气。

随后，周瑜又骗刘备到东吴，想软禁他。但诸葛亮却让刘备安然无恙地回到了荆州，并且让周瑜中了埋伏，还让士兵大声向他喊道："周郎妙计安天下，赔了夫人又折兵。"周瑜听了立刻气得吐了血。

不久，周瑜以攻取西川为名借道荆州，想趁机杀了刘备，夺取荆州。谁知他的计谋又被诸葛亮识破了，自己又被好好戏耍了一番。回到东吴后，周瑜一病不起，临死前叹了口气说："既生瑜，何生亮！"然后连叫数声而亡，死时才36岁。

周瑜是一个非常有才华的领导者，但是他的嫉妒心太强，诸葛亮抓住了他的这个弱点，最终把他给活活气死，实在是令人感叹。

　　嫉妒心理是一种非常痛苦的心理，嫉妒别人的人，就是不愿意看到别人比自己强，持这种心理的人往往是可悲的人，极不聪明。真正有大智慧的人当看到有人比自己强的时候，总是非常兴奋，然后就会以那个人为赶超的目标不断地努力。他们在一次次地超越每一个目标后，自己也就变得越来越强了。

　　迈克尔·乔丹是世界著名的篮球明星，而他所在的芝加哥公牛队也是篮球史上最伟大的球队之一。乔丹除了拥有过人的球技，其心胸也是许多人无法比的。

　　皮蓬是公牛队最有希望超越乔丹的新秀，但是乔丹并没有把他当作自己的对手而心怀嫉妒，反而处处对他加以赞扬、鼓励。

　　有一次，乔丹问皮蓬："咱俩三分球谁投得好呢？"皮蓬想也不想就说："你！""不，是你！"乔丹十分肯定地说。虽然当时技术统计显示，乔丹投三分球的成功率是28.6%，而皮蓬是26.4%。但是乔丹却对别人这样解释道："皮蓬投三分球动作更加规范、自然，在这方面他非常有天赋，我相信他以后还会更好的，而我在投三分球方面还是有许多弱点的。"

　　乔丹还告诉皮蓬，自己平时投篮多用的是右手，左手只是用来辅助一下的，而皮蓬双手都能投篮，甚至左手投篮更好一些。这是连皮蓬自己都没有意识到的细节，而乔丹却观察得一清二楚。

◇纠错能力

正是乔丹拥有如此宽阔的胸襟,才使得全体队员树立起了无比巨大的信心并增强了球队的凝聚力,于是公牛队取得了一场又一场的胜利,并最终造就了伟大的"公牛王朝"。

嫉妒是一种慢性"毒药",它可以让人不辨是非,对人无端生怨,对嫉妒者自身造成身心俱损的危害。嫉妒是产生仇恨和怒火的重要根源,嫉妒会杀了自己,也会毁了他人。

用行动为抱怨画上句号

汤姆森是一个小药店的老板,一直想找能干一番大事业的机遇。然而,很长时间过去了,他认为的机遇并没有出现。对此,他抱怨不已,他认为自己有干大事业的本事,却没有干大事业的机遇。在生活中的大部分时间,他并不是去研究市场,而是经常在花园里散心,他所经营的小药店也为此门庭冷落。

有一天,他突然下定决心摆脱怨天尤人的心态,从自己的药店做起,他把自己的这一事业当作一种极为有兴趣的游戏。他让自己用那种发自内心的热情告诉别人,他是如何尽力提高服务质量使顾客满意的,以及他对药店这一行业有多么大的兴趣。

"如果附近的顾客打电话来买东西,我就会一面接电话,一面举手向店里的伙计示意,并大声地回答说:'好的,艾森克夫人,一瓶三两的樟脑油,还要别的吗?艾森克夫人,今天天气很好,不是吗?还有……'我尽量想些别的话题,以便能和她继续谈下去。

"在我和艾森克夫人通电话的同时,我指挥着伙计们,让他们把顾客所需要的东西以最快的速度找出来。而这时负责送货的人，正忙着穿外衣。在艾森克夫人说完她所要的东西之后不到一分钟，送货的人已带着她所需要的东西上路了。而我则仍旧和她在电话中闲谈着，直到等她说：'呵呵，汤姆森先生，请先等一等，我家的门铃响了。'

"于是我笑了笑，手里仍拿着话筒。不一会儿，她在电话中说：'喂，汤姆森先生，刚才敲门的就是你们的店员，他给我送东西来了！我真不知道你怎么会这么快，这太神奇了。我今天晚上一定要把这事告诉艾森克先生。'

"因为我这里有优质的服务，过了不久，几条街以外的居民也都舍近求远地跑到我们店里来买药了。以至于后来城里好多药店老板都跑到我这儿来取经，他们不明白，为什么偏偏我的生意会做得这样好。"

这便是汤姆森先生成功的方法，也正是这一方法，使得他的药店生意兴隆，其分店几乎在全美遍地开花，以前所未有的速度迅速占领了美国医药业的零售市场。

汤姆森的医药事业之所以能够成功，有一个小小的秘诀，那就是：他摒弃了对工作的抱怨，在工作中选择了积极实干。

很多人会抱怨生活，因为它没能让我们在不经过努力就获得自己想要的东西；我们抱怨工作，因为它总是不能给我们带来巨额财富；我们抱怨家长，因为他们没能给我们理想中的生活环境；我们抱怨朋友，因为他们总是只想着自己，完全不顾及我们的感受；我们抱

◇纠错能力

怨……这样一直抱怨下去，我们突然发现，身边的一切事情都让我们看不顺眼，一切都不能如我们的意愿。

所以说，抱怨生活的时候，不如冷静下来想着怎么改变自己、改变现状，不如用更为积极的行动去扭转自己的困境，不如拿出勇气去和不利的形势抗争，唯有如此，才能改变自己，改变有些令人厌烦的生活。也只有行动，才能为无休止的抱怨画上句号，让自己从此实现蜕变。

跳出自我怀疑的怪圈

生活中，一个人最好的状态是定下奋斗的目标，然后充满信心、全神贯注地去努力实现。即使面对挑战和坎坷，依然能持之以恒，微笑面对。但对于一些人来说，这些根本是做不到的。他们总是时常陷入自我怀疑、自我痛苦之中，总是担忧自己哪句话说错了伤害到了别人，生怕一件小小的事情会招来他人的不满和批评，他们对自己的能力也持一种悲观和不自信的态度。其实，这种自我怀疑的情绪，只会令人逐渐颓废，甚至陷入恶性循环的怪圈。

让我们看看伊尔文·本·库柏的情况吧。他是美国最受尊敬的法官之一，但这个身份与库柏儿时自我怀疑的形象大相径庭。

库柏在美国密苏里州的一个贫民窟里长大。他的父亲是一个移民，以裁缝为生，收入微薄。为了家里取暖，库柏常常拿着煤桶到附近的铁路去拾煤块。库柏是个胆小懦弱且缺乏自信的人，他为必须这样做感到困窘。于是，他常常从后街溜进溜出，生怕被放学的孩子们看到。

但是,那些孩子其实时常能看见他。还有一帮孩子常埋伏在库柏从铁路回家的路上,不时地袭击他、欺负他,以此取乐。面对这帮孩子的欺凌,库柏不敢反抗,觉得自己太弱小了,每次都是流着眼泪回家。

有一天,库柏读了一本书,这本书是荷拉修·阿尔杰著的《罗伯特的奋斗》。在书里,库柏读到了一个像他那样的少年的奋斗故事。那个少年遭遇了巨大的不幸,但是他从不怀疑自己,以勇敢和坚强战胜了这些不幸,库柏也希望具有这种勇气和力量。

这之后,库柏又读了他所能借到的每一本荷拉修的书。整个冬天他都坐在冰冷的厨房里阅读勇敢和成功的故事,不知不觉地形成了积极的心态。此时,他抛却了胆小懦弱,不再怀疑自己,他觉得自己就是书中勇敢的主人公。

几个月后,他又到铁路去拣煤块。过了一会儿,有3个人在一个房子的后面朝他飞奔而来。库柏最初的想法是转身就跑,但他很快镇定下来,他把煤桶握得更紧,一直向前大步走去,他犹如荷拉修书中的一个英雄。

这是一场恶战。3个男孩一起冲向库柏。库柏丢开铁桶,挥动双臂,进行顽强抵抗,使得这3个恃强凌弱的孩子大吃一惊。库柏的右手猛击一个孩子的嘴唇和鼻子,左手猛击这个孩子的胃部。这个孩子便停止打架,转身跑了,这也使库柏大吃一惊。这时,另外两个孩子正在对他拳打脚踢。

库柏设法推开一个孩子,把另一个打倒,用膝部猛击他,而

◇纠错能力

且发疯似地连击他的胃部和下颏。现在只剩下一个孩子了，他是带头的。他突然袭击库柏的头部，库柏设法站稳脚跟，把他拖到一边。这两个孩子站着，相互凝视了一会儿。然后，这个带头的一点一点地向后退，也跑了。

直到此时，库柏才发现自己的鼻子在流血，他的周身由于受到拳打脚踢，已变得青一块紫一块了。这是值得的啊！在库柏的一生中，这一天是一个重大的日子，因为他克服了胆怯和怀疑。

库柏并不比一年前强壮了多少，攻击他的人也并不是不如以前那样强壮。前后不同的是库柏不再听凭那些恃强凌弱者的摆布，他再也不怀疑自己，不再把自己当做弱者来看待。从那天开始，库柏决定改变自己的世界，他后来也的确是这样做的。

面对人生的各种境遇，不要总是怀疑自己，要相信自己有能力迎接每一次挑战。只有这样，才可以跨出自我怀疑的怪圈。

很多人自我怀疑并非客观上的原因，而是因为低估了自己的能力，才使得自己缺乏自信，毫无斗志。这些人无疑夸大了自己身上的缺点。

如果你认为自己满身是缺点；如果你认为自己是一个笨拙的人，是一个总是遭遇不幸的人；如果你承认自己绝不能取得其他人所能取得的成就，那么，你的结局也只有失败。

走出心灵牢狱，做自己情绪的主人

很多人都读过《旧约》里约瑟的故事：

约瑟17岁时就被兄长卖到埃及，任何人处在同样的境遇下，都难免自怨自艾，并对出卖及奴役他的人愤愤不平。但约瑟并不这么想，他专注于提升自己，不久便成了主人家的总管，掌管所有的产业，极获倚重。

后来他遭到诬陷，冤枉坐牢13年，可是他依然不改其态，化怨恨为上进的动力。没过多久，整个监狱便在他的管理之下。到最后，他掌管了整个埃及，成为法老之下、万人之上的大人物。

我们虽没有约瑟的曲折经历，但是日常生活中的种种琐事，却使我们处在各种各样的不良情绪之中。想想约瑟的遭遇，就会知道不同的情绪将有不同的人生。

许多人都有过受累于情绪的经历，似乎烦恼、压抑、失落甚至痛苦总是接二连三地袭来，于是，频频抱怨生活对自己不公平，期盼某一天欢乐从天而降。但要记住，你永远不会是世界上最不幸的那个人，只要我们用积极乐观向上的态度去面对，生活终会向你展示出它温情脉脉的一面！

其实，喜怒哀乐是人之常情，想让自己的生活不出现一点儿烦心事是不可能的，关键是如何有效地调整、控制自己的情绪，做生活的主人，做情绪的主人。人们常说，生活是一面镜子，你对它笑，它便对你笑；你对它哭，它也对着你哭。我们想要拥有幸福快乐的人生，就要用乐观积极的情绪对待生活。

很多人都想控制自己的情绪，但遇到具体问题又总是知难而退，"控制情绪实在太难了"。

◇纠错能力

其实调整控制情绪并不是想象中那么艰难，只要掌握正确的方法，就可以很好地驾驭自己。控制情绪也是一个长期的过程，平时就要把心态调整好，把保持良好的情绪作为一种习惯。

1.想法客观

学会坦然面对生活中的一切，不对生活有过多的非分之想，不抱太多不切实际的幻想。给心灵留一个放松的空间，用平淡的心态去接受身边发生的事。

2.学会发泄

每个人都会遇到许许多多的不如意，正所谓"人生不如意者，十有八九"。要想活得轻松快乐，就要找到适合自己的解压方式，把心中的不良情绪及时发泄出来。

3.生活热情

平常要多参加一些户外的文体活动，多看一些轻松温馨的影视剧，多阅读一些时尚轻松的书籍杂志，让自己的思想见识跟上时代的发展；多发展一些兴趣爱好，不仅有助于消除不良情绪，还能帮助树立积极健康的心态。

4.每天听半小时音乐

优美的音乐对放松身心有着非常大的作用，每天抽出一点儿时间，泡杯茶，放松地坐下来，挑自己喜欢的音乐听上一会儿，对缓解情绪、平衡身心都有着非常积极的作用。

5.学会控制自己的愤怒

生活中难免遇到令人愤怒的事，但是把愤怒全部发泄出来，对人对己都是没有任何好处的，所以，一定要控制住自己的愤怒情绪。当你觉得自己快要爆发的时候，先不要张口，在心里默默从一数到一百，然后再开口说，对避免把谈话闹僵会很有帮助的。

除此之外，可以转移情绪的活动还有很多，可以根据自己的兴趣爱好，以及外界事物来选择。例如，各种文体活动，与亲朋好友倾谈、琴棋书画等。总之，将情绪转移到有意义的事情上来，尽量避免不良情绪的强烈撞击，减少心理创伤，这样做非常有利于情绪的及时控制。

通过情绪的转移，我们能主动走出消极情绪的心灵牢狱，会发现自己完全可以战胜情绪，控制情绪，成为情绪的主人。

用乐观的态度自救，生活处处充满生机

1939年，德国军队占领了波兰首都华沙，此时，卡亚和女友迪娜正在筹办婚礼。卡亚做梦都没想到，自己会在光天化日之下被纳粹推上卡车运走，关进了集中营。卡亚陷入了极度的恐惧和悲伤之中，在被不断的摧残和折磨中，他的情绪极不稳定，精神遭受着极度痛苦的煎熬。

一同被关押的一位老人对他说："孩子，你只有活下去，才能与你的未婚妻团聚。记住，要活下去。"卡亚冷静下来，他下

◇纠错能力

定决心,无论日子多么艰难,一定要保持积极的精神和情绪。

所有被关的人,他们每天的食物只有一块面包和一碗汤。许多人在饥饿和严酷刑罚的双重折磨下精神失常,有的甚至被折磨而死。卡亚努力控制和调适着自己的情绪,把恐惧、愤怒、悲观、屈辱等抛之脑后,虽然他骨瘦如柴,但精神状态却很好。

5年后,集中营里的人数由原来的4000人减少到不足400人。纳粹将剩余的人用脚镣和铁链连成一长串,在隆冬季节,将他们赶往另一个集中营。

许多人忍受不了长期的苦役和饥饿,最后死在茫茫雪原之上。在这人间炼狱中,卡亚奇迹般地活下来了。他不断地鼓舞自己,靠着坚强的意志力,维持着衰弱的生命。

1945年,盟军攻克了集中营,解救了这些饱经苦难、劫后余生的人们。卡亚活着离开了集中营,而那位给他忠告的老人,却没有熬到这一天。

若干年后,卡亚把他在集中营的经历写成了一本书。他在前言中写道:"如果没有那位老者的忠告,如果放任恐惧、悲伤、绝望的情绪在我的心间弥漫,很难想象,我还能活着出来。"

是卡亚自己救了自己,他用积极乐观的情绪救了自己。一个懂得控制自己情绪的人即使面对困境,也依然会获得幸福。

与卡亚不同的是,许多人总是不停地抱怨命运的不公,埋怨自己付出了辛劳的汗水,得到的却是失败和痛苦。究其原因,是因为他们不懂得用乐观的态度对待人生。

第七章
失败不是必然，成功也不是偶然

失败不可怕，可怕的是面对失败的错误心态

第一节　心态的错位，会导致很多失败

每一条成功之路都会有挫折

每一条成功之路都会有挫折，没有谁能够真正一帆风顺。

挫折似乎是人生必备的大餐，只有经历过挫折的人才会成长。每个人的一生都会经历很多挫折，而对挫折的认知水平决定了人们未来的发展，我们可以这样说，"问题不在于发生了什么，而在于如何对待它"。

一个渴望成功的年轻人接二连三地经受失败和挫折，他处于崩溃的边缘，几乎就要绝望了。苦闷的他仍然心有不甘，在彷徨和迷茫中，去请教了一位智者。

见到智者后，他很恭敬地问："我一心想有所成就，可总是遇到挫折。请问，到底怎样才能成功呢？"

智者笑笑，转身拿出一个东西递给年轻人，他吃惊地发现躺在自己手心的竟然是一颗花生。年轻人困惑地望着智者。

◇纠错能力

智者问道："你有没有觉得它有什么特别之处呢？"

年轻人仔细地观看了一番，仍然没有发现它和别的花生有什么区别。

"请你用力捏捏它。"智者见年轻人没有说话，接着说。他捏碎了花生壳，只有红色的花生仁留在了手中。

"请你再搓搓它，看看会发生什么事。"智者又说，脸上带着微笑。

年轻人虽然不解，但还是照做了，就在他轻轻地一搓，花生红色的皮脱落了，只留下白白的果实。

年轻人看着手中的花生，不知智者是何意思。"再用手捏它。"智者又说。

年轻人用力一捏，他发现自己凭手指根本无法将它捏碎。

"用手搓搓看。"智者说。

年轻人又照做了，当然，什么也没搓下来。

"虽屡遭挫折，却有一颗坚强、百折不挠的心，这就是成功的一大秘密啊！"智者说。

年轻人蓦然顿悟，遭遇几次挫折就要崩溃、绝望了，这样脆弱的心理又怎么能够成功呢？从智者那里出来，他又挺起了胸膛，心中充满了力量。

著名作家张海迪说："即使跌倒一百次，也要一百次站起来。"很多时候，一个人的希望越大，他遭遇失败的机会也许就越多，就跟一个人走的路越长，踢着的石子会越多一样。事实上，天无绝人之路，上天总会给有心人一个反败为胜的机会。

失败不是可怕的，可怕的是心态的错位。有些人觉得成功就应该一蹴而就，觉得失败的降临是自己最大的不幸，于是他们或急躁行事，或怨天尤人，或心如死灰，却不知通往成功的道路满是挫折和荆棘。因此，能乐观地面对、积极地解决问题才是最重要的。只要你已经尽了最大努力去干一件事，即使最终失败了也没有关系，毕竟失败最终的作用是经验的积累。但是无论如何，绝对不能失去重新开始的勇气。

失败往往源于半途而废

英国戏剧家莎士比亚说：无数人的失败，都是失败于做事情不彻底，往往做到离成功只差一步就停下来。也就是说，很多失败都是源于半途而废。

美国推销员协会曾经对推销员的拜访做过长期的调查研究，结果发现：48%的推销员，在第一次拜访遭遇挫折之后，就退缩了；25%的推销员，在第二次遭受挫折之后，也退却了；12%的推销员，在第三次拜访遭到挫折之后，也放弃了；5%的推销员，在第四次拜访碰到挫折之后，也打退堂鼓了；只剩下10%的推销员锲而不舍，毫不气馁，继续拜访下去。结果80%推销成功的个案，都是这10%的推销员连续拜访5次以上才有的。

一般推销员效率不佳，多半由于一种共同的毛病，就是惧怕客户的拒绝。他们心里虽想推销却又裹足不前，所以纵有满腹知识与技巧也无从发挥。真正的推销家则有顽强的耐心、"精诚所至、金石为

◇纠错能力

开"的态度，视拒绝为常事，且不影响自身的情绪。

坚持就是胜利。其实，成功者与不成功者之间有时距离很短——只要后者再向前几步即可。

一位年轻人毕业后被分配到一个海上油田钻井队。在海上工作的第一天，带班的班长要求他在限定的时间内登上几十米高的钻井架，把一个包装好的漂亮盒子送到最顶层的主管手里。他拿着盒子快步登上了高高的狭窄的舷梯，气喘吁吁、满头是汗，登上顶层，把盒子交给主管。主管却只在上面签下自己的名字，就让他送回去。他又快速下舷梯，把盒子交给班长，班长也同样在上面签下自己的名字，让他再送给主管。

他看了看班长，犹豫了一下，又转身登上舷梯。当他第二次登上顶层把盒子交给主管时，浑身是汗，两腿发颤。主管却和上次一样，在盒子上签下自己的名字，让他把盒子再送回去。他擦擦脸上的汗水，转身走向舷梯，把盒子送下来，班长签完字，让他再送上去。这时他有些愤怒了，他看看班长平静的脸，尽力忍着不发作，又拿起盒子艰难地一个台阶一个台阶地往上爬。

当他上到最顶层时，浑身上下都湿透了，他第三次把盒子递给主管，主管看着他，傲慢地说："把盒子打开。"他撕开外面的包装纸，打开盒子，里面是两个玻璃杯、一罐咖啡、一罐咖啡伴侣。他愤怒地抬起头，双眼喷着怒火射向主管。

主管又对他说："把咖啡冲上。"年轻人再也忍不住了，"叭"的一下把盒子扔向地面，"我不干了！"说完，他感到心里痛快了许多,刚才的愤怒全释放了出来。

这时,这位傲慢的主管站起身来,直视他说:"年轻人,刚才让你做的这些,叫做承受极限训练,因为我们在海上作业,随时会遇到危险,这就要求队员身上一定要有极强的承受能力,承受各种危险的考验,才能完成海上作业任务。可惜,前面三次你都通过了,只差最后一点点,你没有喝到自己冲的甜咖啡。现在,你可以走了。"

成功与失败往往只是一步之差,有时这一步就决定了你的成功与否。遗憾的是,很多人往往是在最后一秒的时候放弃了。这一点也是许多人成功的一个重要原因。

借口是失败的温床

借口是失败的温床。有些人在遇到困境,或者没有按时完成任务时,都试图找出一些借口来为自己辩护,安慰自己,总想让自己轻松些、舒服些。比如,在一个公司里,老板要的是勤奋敬业、认真执行任务的员工。如果一个员工经常迟到早退,对工作马马虎虎,还不时找借口说自己很忙,这样的员工是不会赢得老板信任和同事尊重的。

在日常生活中,我们经常会听到这样一些借口:上班迟到,会说"路上塞车";任务完不成,会说"任务量太大";工作状态不好,会说"心情欠佳"……我们缺少很多东西,唯独不缺的好像就是借口。殊不知,这些看似不重要的借口却为自己埋下了失败的基石,让自己丧失了改进的动力和前进的信心,只能在一个个借口中滑向失败

◇纠错能力

的深渊。

　　刚毕业的女大学生刘闪，由于成绩不错，形象也很好，很快被一家大公司录用。

　　刚开始上班时，大家对刘闪印象还不错，但没过几天，她就开始迟到早退，领导几次向她提出警告，她总是找这样或那样的借口解释。

　　一天，总经理安排她去北京大学送材料，要跑三个地方，结果她仅仅跑了一个就回来了。总经理问她怎么回事，她解释说："北大好大啊。我在传达室问了几次，才问到一个地方。"

　　总经理生气了："这三个都是北大著名的单位，你跑了一下午，怎么会只找到一个呢？"

　　她急着辩解："我真的去找了，不信您去问传达室的人！"

　　总经理心里更有气了："你自己找不到单位，还叫老总去核实，这是什么话？"

　　其他同事也好心地帮她出主意：你可以打北大的总机问这三个单位的电话，然后分别联系，问好具体怎么走再去。你不是找到其中的一个吗？你可以向他们询问其他两家怎么走。你还可以进去之后，问老师和学生……

　　谁知她一点也不领会同事的好心，反而气鼓鼓地说："反正我已经尽力了……"

　　就在这一瞬间，总经理下了辞退她的决心："既然这已经是你尽力之后达到的水平，想必你也不会有更高的水平了。那看来你还是不适合这份工作！"

虽然刘闪的举动让很多人难以理解，但像这种遇到问题不去想办法解决而是找借口推诿的人，在生活中并不少见。而他们的命运也显而易见——凡事找借口的人，在社会上绝对站不稳脚跟。

所以，当我们面对失败时，不要寻找借口，而应找失败的原因。在这一点上，我们应该学习西点军校的做法。西点军校不仅培养了一大批优秀的军事人才，也培养出无数商界精英。在这所学校里有一个悠久的传统，就是学生遇到长官问话时，只能有四种回答："报告长官，是！""报告长官，不知道！""报告长官，不是！""报告长官，没有借口！"除此之外，不能多说一个字。

西点军校之所以采取这种方式，就是为了锻炼学生学会适应压力，培养他们不达目的誓不罢休的毅力，尽量把每件事都做得更好。它也让每一位学生懂得：失败是没有任何借口的。

尽管有些困难是不可避免的，但能从困境中走出来，获得成功的往往是那些不为自己失败找借口推脱的人。

灰心丧气，往往百事不利

每个人的一生或多或少、或大或小会遇到磨难和坎坷，而每一个人面对这些磨难和坎坷时都会有不同的态度，有的人百折不挠，一往无前，有人则犹豫不前甚至退避三舍。这不同的人生态度则会导致不同的人生道路，甚至会塑造完全不同的个人命运。

◇纠错能力

"我的人生中只有两条路，要么赶紧死，要么精彩地活着。"这是无臂钢琴师刘伟的励志名言。

刘伟10岁的时候，他因一场事故而被截去双臂。在12岁的那年，他在康复医院的水疗池里学会了游泳，两年后，刘伟在全国残疾人游泳锦标赛上夺得了两枚金牌；16岁时他学会了打字；19岁时学习了钢琴，一年后就达到了相当于用手弹钢琴的专业七级水平；22岁时他勇敢地挑战了世界吉尼斯纪录，一分钟打出了233个字母，成为世界上用脚打字最快的人；23岁时他就登上了维也纳金色大厅的舞台，让全世界都见证了中国男孩的奇迹。

当袖管两空的刘伟走上舞台时，所有人都知道他要表演什么，但是没人能想象他究竟要怎样用双脚弹奏钢琴。当他坐到特制的琴凳上之后，优美的旋律就从他的脚下流了出来，他的十个脚趾在琴键上灵活地跳跃着，顿时，全场一片安静，每个人都在用心聆听这用毅力演奏的天籁之音。当刘伟表演结束之后，所有观众都起身为他鼓掌。刘伟的身后，站立着他伟大的母亲。一个普普通通的家庭妇女，识字不多，但是懂得一个最基本的道理：这个世界没有什么可以依赖，除了他自己。刘伟没有让母亲失望。

一位感动中国推选委员这样评价刘伟："无臂钢琴师刘伟告诉我们：音乐首先是用心灵来演奏的。有美丽的心灵，就有美丽的世界。"

推选委员陆小华是这样评价刘伟的："脚下风景无限，心中音乐如梦。刘伟，用事实告诉人们，努力就有可能。今天的中国，还有什么励志故事能赶上刘伟的钢琴声。"

而感动中国组委会授予刘伟的颁奖词是这样说的:"当命运的绳索无情地缚住双臂,当别人的目光叹息生命的悲哀,他依然固执地为梦想插上翅膀,用双脚在琴键上写下:相信自己。那变幻的旋律,正是他努力飞翔的轨迹。"

刘伟面对生命给他的挫折,面对人生对他的严酷考验,面对没有双臂的巨大缺陷,他没有选择低头,没有惧怕挫折,他没有退缩。相反,他勇敢地面对上天对他的不公,他勇敢地回击了命运对他的折磨考验。面对人生的痛苦,他没有灰心丧气,而是用自己的坚毅诠释了生命的重量。

一个人不怕起点低,不怕遭遇失败,就怕消极,怕灰心丧气。一个人千万不能被困难和挫折吓倒,相反要鼓励自己去奋斗,要用实际行动来改变别人的看法。

万事不利,不应该成为甘心平庸的托词,相反,应以此激励自己加倍努力、要奋发向上。能改变自己人生的只有自己,而不是别人。无论处于何种生活境地,如果自己乐观开朗,积极上进,努力学习和工作,那么人生会变得五彩缤纷、绚丽多彩;如果悲观消极,失望落后,无所事事,不肯好好去学习和工作,那么人生会变得漆黑一片,苦不堪言。"不怕百事不利,就怕灰心丧气",各种挫折和失败不可怕,可怕的是一颗屈服的心。面对各种困难时不要丧气,要勇敢地去面对。只要不丧气,困难最终会被踩在脚下。

◇纠错能力

自以为是，就什么也不是

　　美国钢铁大王卡内基曾给一个即将登上经理之位的踌躇满志的年轻人这样的忠告："这个位置很适合你，你也有能力做好这份工作。不过，请谨记，你既然准备接受这份工作，就要马上着手解决问题，要知道，其他人也能发现问题。全力以赴地去做好你的工作，但同时要注意你的后面，看看是不是有人掉队，如果后面没有人跟着你前进，你就不是一个称职的领导。别忘了，你并不是一个不可取代的人，在你感觉情况还不错的时候，要尽量冷静地思考一阵，你的幸运可能只是机会好，交上了好朋友或是对手太弱。一定要保持足够的谦虚，不然的话，现在有12个人可以胜任这个职位，我相信他们当中一定会有一两个干得比你出色。因此，千万不要自以为是。"

　　这也在告诉我们，无论自己多么优秀，多么有才能，谦虚的品质是不可或缺的。为了启发人们谦虚处世，列夫·托尔斯泰曾打过一个很有意思的比方："一个人就好像是一个分数，他的实际才能好比分子，而他对自己的估价好比分母，分母越大，则分数的值越小。"

　　一个容器若装满了水，稍一晃动，水便溢了出来。一个人若心中装满了骄傲，便再也容纳不了新知识、新经验和别人的忠言了。长此以往，事业或者止步不前，或者不断受挫。因此，真正的聪明人往往虚怀若谷，不会去贬低别人，也不会好高骛远。

一公司生产线的产品经理对着人事主管抱怨:"你给我的都是些什么人?"

3个新进公司的大学生要进行入职培训,产品经理负责带他们去车间参观、体验,希望通过参观和体验让大学生对公司的产品和产品线有感性的认识。谁知,3个人一脸不情愿不说,还边看边议论,"这套设备怎么看上去很旧的样子?经理,公司为什么不从德国进口设备呢?德国的机械可是很出名的。""我觉得公司应该舍得在设备上花钱,可以节约人力成本!""经理,我觉得工人这样分组轮班的体制有问题,应该……"这些新人对人员安排、公司设备管理、资金分配等大问题一番高谈阔论。但到了操作体验阶段便敷衍了事,错误百出。

对于这些"小皇帝"下车间参观体验的表现,产品经理一时感到恼火,对人事主管有了些许情绪。

刚毕业的大学生眼高手低,过分地认为自己条件优越,还经常对工作指手画脚,没有一丝谦虚好学的态度。这难免会让人有些反感。

谦虚是人类特有的一种自我反思、总结经验的能力。在工作中,一定要保持谦虚的工作态度,不要傲慢自大。IBM创始人老托马斯·沃森告诉员工"没有永远静止的东西""我们永远不能自满"。古希腊有一位先哲说过这样的话:"傲慢始终与相当数量的愚蠢结伴而行。傲慢总是在成功即将破灭之时及时出现。傲慢一现,谋事必败。"一个人如果太骄傲了,就会变得妄自尊大,谁都瞧不起,谁都不放在眼中,就算有人劝他该如何如何,他也固执地坚信自己的所作

◇纠错能力

所为没有错,而听不进任何劝诫的话,目空一切。慢慢地,整个世界变得似乎只有他一个人存在,他严重脱离实际,最后只能成为孤家寡人,走向失败。

古人云:"满招损,谦受益。"真正的谦虚,是自己毫无成见,思想完全解放,不受任何束缚,对一切事物都能做到具体问题具体分析,采取实事求是的态度,正确对待;对任何方面的意见,都能听得进去,并加以思考。这样的人能做到在成绩面前不居功,不重名利;在困难面前敢于迎刃而上,主动进取。

谦虚并不是卑己尊人,而是既自尊也尊人。如果一个人懂得用谦虚去对待生活,不管是成功,还是失败,谦虚都一定会让他的生活更加充实,在人生的旅途中收获成功。

放任陋习,容易丧失机会

每个人都或多或少有些陋习,很多时候自己很难意识到,正是那些陋习阻碍了我们向成功迈进的脚步。

习惯是在长时间中逐渐形成的,一时不容易改变的行为、倾向。但习惯有好坏之分,其中有些约定俗成的好习惯往往伴随人的一生。如闲暇则有手不释卷的习惯,见人有热心相助的习惯,待人接物有讲究礼节的习惯等,这些好习惯是一种内在品德的表现。与此相反,有的习惯则属于一种对事物偏颇的认识或生理本能的追求,如好吃懒做、好赌成瘾、出言不逊等,这些坏习惯会让人性格扭曲,不仅对自身毫无益处,还会给社会带来许多不安因素。当陋习刚刚染身的时候,人们往往不以为然,可是一旦到了不可救药的地步,就后悔莫及了。

小刘是某图文公司的策划，他好拖延，入职公司不到一个月，拖延、得过且过的坏习惯逐渐被老板发现，老板因此在公司例行会上批了他，他不以为然，振振有词地为自己落后的工作进度辩护。老板对他失望至极，终于让他走人了。

小刘经此打击，才意识到自己愈演愈烈的坏习惯，他下决心改掉拖延的坏习惯。他凭着流利的口才又找到了一份工作，老板开始很看重他，他也时常以上次的教训告诫自己。

半个月下来，他的工作像模像样，没有一次拖延误事，老板对他暗中的监督也松了许多，小刘已完全取得了老板的信任。他自以为成老板跟前的红人了，于是时不时又有工作指标拖延。老板开始察觉到他工作不如刚来时积极、认真了，但由于对他第一印象好，所以认为他一定最近有别的事分心，抑或工作压力大、任务棘手，就没责怪他。

小刘以为老板不把他拖延工作当回事，于是愈发懒惰，终于怠慢到每个策划方案都要拖上一周甚至半月，给公司造成不小的损失。老板终于忍无可忍，把他开除了。

人生在世，如果征服不了自己的陋习，而是为所欲为，放纵自己在堕落的生活圈里寻求满足，那么最终就会为自己带来灾难。

给自己一段时间，总结一下生活中的成功和失败，寻找一下成功与失败的根本原因，把这些原因一条条清晰地写下来，再把自己生活

◇纠错能力

中所有的习惯写下来，看看哪些习惯是好习惯，哪些是坏习惯。如果自己想不清楚，就求助那些了解自己的人，他们能一针见血地指出你的优点和缺点。当你把成功的原因和好习惯列成一栏，把失败的原因和坏习惯列成一栏之后，可能会惊讶地发现，好习惯就是自己成功的原因，而坏习惯也正是自己失败的原因。

不以善小而不为，不以恶小而为之。习惯大都是从小积累起来的，这句话听起来非常老套，却与我们的切身利益息息相关。达尔文曾经说过，不管社会如何发展，生存好的一定是那些平日里养成良好习惯的人。虽然有些残酷，却真的是一条经由实践检验证明的道理。

人常说，"习惯成自然"，当你将陋习也当成自然时，你必将走向失败。你习惯衣衫不整、头发凌乱地出入公众场合，或是打扮怪异，夺人眼球，丝毫不在乎周围那些异样的眼光；你习惯迟到、消极怠工，在所有人心中，你早已成了自由散漫、没有工作责任心的代名词；你习惯诸多借口，无论别人提出的批评多么富有建设性，你却只会搬出一大堆理由辩驳，推卸责任，你给人的印象就是心胸狭窄、刚愎自用；你习惯于依赖别人，从来不敢提出自己的见解，人云亦云，又有谁能够放心地对你委以重任……于是，当你将陋习视为自然的时候，你将会品尝到自酿的苦果。陋习会使你丧失成功的机会，它是阻碍你成功的障碍。

那么，如何改掉陋习呢？唯一的办法，是养成一个良好的习惯。心理学原理告诉我们，改变一个习惯至少需要两个星期。这也是告诉我们，改变习惯是一个痛苦的过程，但这样的痛苦是可以承受的，可以制订切实可行的计划，一步一步地向前走，而放任陋习却是没有出路的。

放弃忠诚，就等于放弃成功

人们宁愿相信一个能力可能差一些却足够忠诚、敬业的人，而不愿意重用一个朝三暮四、视忠诚为无物的人，哪怕他能力非凡。

在一项对世界著名企业家的调查中，当被问到"您认为员工最应具备的品质是什么"时，他们无一例外地选择了"忠诚"。

忠诚是一个人在职场中最好的品牌，同时也是最值得重视的职场美德。没有哪个老板会用一个对自己公司不忠诚的人。"我们需要忠诚的员工。"这是老板们共同的心声，因为他们知道，员工的不忠诚会给公司带来什么。只要自下而上地做到了忠诚，就可以壮大一个公司，相反，就可能毁了一个公司。

在现今越来越激烈的竞争中，人才之间的较量，已经从单纯的能力较量延伸到了品德方面的较量。在所有的品德中，忠诚越来越被公司重视。从某种意义上说，忠诚更是一种能力，因为只有忠诚的人，才有资格成为优秀团队中的一员，才能更好地发挥自己的能力。

鲍勃是一家网络公司的技术总监。由于公司改变发展方向，他觉得这家公司不再适合自己，决定换一份工作。

以鲍勃的资历和在业界的影响力，加上原公司的实力，找份工作并不是件困难的事情。有多家企业早就给他抛橄榄枝了，以前曾试图挖走鲍勃都没成功。这一次，是鲍勃自己想离开，对这些公司来说，这真是一次绝佳的机会。

◇纠错能力

很多公司都开出了令人心动的条件，但是在优厚条件的背后总是隐藏着一些东西。鲍勃知道这是为什么，但是他不能因为优厚的条件就背弃自己一贯的原则，于是鲍勃拒绝了多家公司对他的邀请。

最终，他决定到一家大型企业去应聘技术总监，这家企业在全美乃至世界都有相当大的影响力，很多业界人士都希望能到这家公司工作。

面试鲍勃的是该企业的人力资源部主管和负责技术工作的副总裁。鲍勃的专业能力令他们无可挑剔，但是他们提到了一个令鲍勃很失望的问题。

"我们很欢迎你到我们公司来工作，你的能力和资历都非常不错。我听说你以前所在的公司正在着手开发一个新的适用于大型企业的财务应用软件，据说你提了很多非常有价值的建议。我们公司也在策划这方面的工作，你能否透露一些你原来公司的情况，你知道这对我们很重要，而且这也是我们为什么看中你的一个原因。请原谅我说得这么直白。"副总裁说。

"你们问我的这个问题很令我失望，看来市场竞争的确需要一些非正当的手段。不过，我也要令你们失望了。对不起，我有义务忠诚于我的企业，任何时候我都必须这么做，即使我已经离开。与获得一份工作相比，忠诚对我而言更重要。"鲍勃说完就走了。

鲍勃的朋友都替他惋惜，因为能到这家企业工作是很多人的梦想。但鲍勃并没有因此可惜，他为自己所做的一切感到坦然。

没过几天，鲍勃收到了来自这家公司的一封信，信上写着："你被录用了，不仅仅因为你的专业能力，还有你的忠诚。"

其实，这家公司在选择人才的时候，一直很看重一个人是否忠诚。他们相信，一个能对原来公司忠诚的人也可以对未来的公司忠诚。这次面试，很多人被淘汰了，就是因为他们为了获得这份工作对原公司丧失了最起码的忠诚。这些人中，不乏优秀的专业人才。

由此可见，忠诚不仅不会让人失去机会，还会让人赢得机会。除此之外，它还能让人赢得别人的尊重和敬佩。人们应该意识到，取得成功最重要的因素不是一个人的能力，而是优秀的道德品质。所以，阿尔伯特·哈伯德说："如果能捏得起来，一盎司忠诚相当于一磅智慧。"

忠诚是员工的立身之本。一个禀赋忠诚的员工，能给他人以值得信赖感，让老板乐于接纳，在赢得老板信任的同时，更能为自己的发展带来莫大的益处。相反，一个人如果失去了忠诚，就等于失去了一切——失去朋友，失去客户，失去工作。从某种意义上讲，一个人放弃了忠诚，就等于放弃了成功。

大胆些，从失败的阴影里走出来

生命中，失败、内疚和悲哀有时会把我们引向绝望。但不必退缩，我们可以爬起来，重新开始。

最糟的事情莫过于当危机来临时，找不到一个摆脱的办法。我们有种种逃避的方法——酗酒、操起毫无意义的嗜好，或者干脆无精打

◇纠错能力

采地转悠以消磨时光。但这些丝毫不能减轻你的痛苦，反而会使痛苦更加刻骨铭心。我们必须使劲站起来再次迈开前行的脚步，走出失败的阴影，重新开始生活，因为我们身体中的每个细胞都是为了在生命中奋斗而安排的。

那么，怎样才能再次站起来？怎样才能战胜内疚、忧伤、失败带来的疲惫重新生活呢？要做到这些，需要做到以下几方面。

1.原谅自己，也原谅别人

不管造成麻烦的原因是什么，我们总能在自己身上发现一些事实上和想象出来的错误。要纠正这些已犯过的错误，最好的方法是正视它，诚心诚意决不做第二次。

如果可以弥补，就弥补起来；然后把自己的过失和错误抛在脑后，用新的计划和新的热情，重新注满生活的水池。

同样，不要责备别人对你做的事。别人对你的伤害，如果确定是自己错在先，就从中学一些东西；如果是被委屈的，就忘掉它。

2.恢复自尊

要从放弃防御面具开始，我们中的许多人正是戴着它生活的。相信自己的价值；对自己说话要好言好语，响亮而刚强；努力做到对自己像对别人一样宽宏大量。

然后停止"会失败"的考虑。多想拥有的，少想缺少的。在失败的深渊中，这是尤为重要的，相信自己能给生活增添一些美好的东西。

3.回到众人的世界

我们害怕别人的关心会刺痛自己的伤疤，我们确实需要孤独的时光。但我们不能在孤岛上待太长的时间，因为重新生活的路最终要通过我们与别人共同努力才能获得。

4.伸出手去帮助别人

花时间去帮助别人，借此为自己疗伤。

5.相信奇迹

许多人曾陷于极度迷惘的困境中，可一旦摆脱了它，却能得到意想不到的欢乐和力量，有些时候真的会有奇迹。

6.学会感谢

每天，特别是心情不好时，要寻找感谢的理由："谢谢上天，四季运转无穷无尽；谢谢书本、音乐和促使我们成长的生活之力。"这样的赞美，会发现，"人生是多么美好啊"！

其实，走出失败的阴影，重新开始生活并不难，关键在于你有没有这样的决心。

第二节　纠正自我，从失败中挖掘成功

面对失败，不妨换个角度思考

人生总免不了要遭遇这样或者那样的失败。确切地说，我们几乎

◇纠错能力

每天都在经历各种失败。有时候,我们甚至会在不知不觉间与失败不期而遇。面对失败,我们往往会采取惯常措施——或以紧急救火的方式补救失败,或以被动补漏的办法延缓失败,或以收拾残局的方法打扫失败,或以引以为戒的思维总结失败……虽然这些都是失败后十分需要甚至必不可少的措施,却是在眼睁睁看着失败发生而又无法抢救的情况下采取的无奈之举。任凭失败一路前行却无力改变,实在是更大的失败和遗憾。

美国西部的一个农场,有一个伐木工人叫刘易斯。一天,他独自一人开车到很远的地方去伐木。一棵被他用电锯锯断的大树倒下时,被对面的大树弹了回来,他躲闪不及,右腿被沉重的树干死死压住,顿时血流不止,疼痛难忍。面对自己伐木史上从未遇到过的失败和灾难,他的第一个反应就是:"我该怎么办?"

他看到了一个严酷的现实:周围几十里没有村庄和居民,10小时以内不会有人来救他,他会因为流血过多而死亡。他不能坐以待毙,必须自救。他用尽全身力气抽腿,可怎么也抽不出来。他摸到身边的斧子,开始砍树。但因为用力过猛,才砍了三四下,斧柄就断了。他觉得没希望了,不禁叹了一口气,但他克制住了痛苦和失望。他向四周望了望,发现在不远的地方,放着他的电锯。他用断了的斧柄把电锯弄到手,想用电锯将压在腿上的树干锯掉。可是,他很快发现树干是斜着的,如果锯树,树干就会把锯条死死夹住,根本拉不动。看来,死亡是不可避免的了。

然而,正当他几乎绝望的时候,他忽然想到了另一条路,那就是不锯树而是把自己被压住的大腿锯掉。这是唯一可以保命的办法！他当机立断，毅然决然地拿起电锯锯断了被压着的大腿。他终于用难以想象的决心和勇气，成功地拯救了自己！

面对难以跨越的"坎"时，我们不妨换一个角度去思考，也许就会走出所谓的失败，走向成功，所以说问题的关键不是失败，而是看待失败的心态。

所以，当我们遭遇失败时，切忌陷入长久的慌乱，也不要彻底滑入绝望的泥潭，要能够静下心来坦然面对，利用可以利用的一切自救手段，换一个角度试一试，才可能从无助中获得新的希望。

不要怕，用坚强去战胜挫折

《易经》曰："天行健，君子以自强不息。"也许有时候，我们无奈于命运的不济，无奈于失败的接踵而至，任你如何悲叹，都无法改变现实。但是，我们可以运用自己手中坚强的画笔，为自己在逆境中描绘一片属于自己的蓝天，为自己绘出红花绿草，清风习习。

男孩实在太弱小了，胆怯的他对任何比他大的东西都充满恐惧，甚至家里的狗也经常欺负他。父亲经常对他说："孩子，你必须自己面对一切恐惧，勇敢起来！"

当他进入学校时，他压根没想到迎接自己的却是噩梦。个头矮小的他成了学校调皮学生的玩偶：他们掀翻他的轮椅，弄坏他轮椅上的刹车，让他从走廊直接"飞"进老师办公室；最可怕的

◇纠错能力

  一次是几个同学用绳子绑住他的手,用胶条封住他的嘴,把他扔进垃圾箱里,接着在垃圾箱外点起了火,滚滚浓烟令他窒息,他万分惊恐,直到一位老师将他解救出来……男孩回到家,想着自己一次次被折磨、被侮辱的遭遇,放声大哭。他想到了自杀,但,他还是舍不得疼爱他的父母……

  高中毕业后,他决定给自己找个工作。每天早上,他趴在滑板上,敲开一家又一家的店门,问店主是否愿意雇用他。可等人家打开门时,没有发现几乎趴在地上的他,就又把门关上了。

  经过无数次应聘失败,他终于找到自己的第一份工作。他每天凌晨四点半起床,赶火车到镇上,然后爬上滑板,从车站赶到几公里外的工厂。尽管生活艰辛,但是能够自食其力,他勇敢而快乐地活着。

  除了工作,他还有运动的爱好。从12岁起,他就开始打室内板球,后来还喜欢上了举重与轮椅橄榄球。对运动的执着热爱使他取得了一系列好成绩,相继获得了1994年澳大利亚残疾人网球赛的冠军以及2000年全国健康举重比赛第二名。他就是约翰·库缇斯。

  是坚强,让约翰·库缇斯看到了生活的希望;也是坚强,让他成为人们心目当中的英雄。

  我们在生活中也会遇到各种各样的困难和失败,但是我们能否拿出约翰·库缇斯那样的勇气,坚强地面对自己的不如意呢?

  很多人在遭遇失败和挫折时,总会不停地埋怨老天:"为什么是我？""为什么我就这么倒霉？"……即使哭哑了嗓子，事情也不会无缘无故地好转，所以要坚强地面对。碰到失败与挫折时，你第一个念头要告诉自己："它来了！这是必须经历的，只有自己能帮助自己，所以我要勇敢面对，现在就想办法处理！"不断用心灵的力量来为自己打气，然后要比平时更精神百倍，才能让自己走过生命的黑暗期，迎向灿烂的明天。遇到困难时，越是坚强的人，越有一股让人敬佩与心疼的魅力。唯有自己表现得更坚强，别人才能帮助你。

总而言之，要想战胜各种挫折和失败，坚强是第一要素。因为它就是一把开山的斧，远航的帆。面对挫折和失败，更需要从跌倒中站起来，微笑着面对风霜的袭击，用坚韧的意志去战胜它。

信心面前，困难也会溃退

宋朝年间，有一段时期战事频频，国患不断，大将军狄青带领人马奔赴疆场，不料自己的军队势单力薄，寡不敌众，被困在小山顶上，眼看就要被敌军吞没。就在士气大减，甚至将要缴械投降之际，大将军狄青站在大家面前说："士兵们，看样子我们的实力是不如人家了，可我却一直都相信天意，老天让我们赢，我们就一定能赢。我这里有9枚铜钱，向苍天企求保佑我们冲出重围。我把这9枚铜钱撒在地上，如果都是正面，一定是老天保佑我们；如果不全是正面的话，那肯定是老天告诉我们冲不出去的，我就投降。"

此时，士兵们闭上了眼睛，跪在地上，烧香拜天祈求苍天保佑，这时狄青摇晃着铜钱，一把撒向空中，落在了地上，开始士

◇纠错能力

兵们不敢看,谁会相信9枚铜钱都是正面呢!可突然一声尖叫:"快看,都是正面。"大家都睁开了眼睛往地上一看,果真都是正面。士兵们跳了起来,把狄青高高举起喊道:"我们一定会赢,老天会保佑我们的!"

狄青拾起铜钱说:"那好,既然有苍天的保佑,我们还等什么,我们一定会冲出去的!各位,鼓起勇气,冲啊!"

就这样,一小队人马竟然奇迹般战胜了强大的敌人,突出重围,保住了有生力量。过些时候,将士们谈起了铜钱的事情,还说:"如果那天没有上天保佑,我们就出不来了!"

这时候,狄青从口袋掏出了那9枚铜钱,大家惊奇地发现,这些铜钱的两面竟然都是正面的!虽然只是几枚小小的铜钱,却让这小队人马的命运为此而改变。

细细品味故事,我们也许可以领会到战斗胜利的根源其实是信心。

信心比金钱、势力、出身、亲友更有力量,是人们从事任何事业最可靠的资本。信心能排除各种障碍、克服种种困难,能使濒临失败的事业绝地逢生。有的人最初对自己有一个恰当的估计,信心令他处处胜利,但是一经挫折,他们却又半途而废,这是因为他们自信心不坚定。所以,无论面对怎样的失败和困境,都要树立自信心,即使遇到再大的挫折,也能不屈不挠、向前进取,决不会因为一时的失败而放弃。

那些成就伟大事业的卓越人物几乎都经历过失败,但他们总是具有充分信任自己能力的自信心，深信所从事之事业必能成功。这样，在做事时他们会付出全部的精力，破除一切艰难险阻，直达成功的彼岸。

当断则断，不受其乱

人们常说："当断不断，反受其乱。"在办事过程中，如果机会来了不紧紧抓住，轻易错过，反过来就可能让自己遭受挫折。成大事者应该具备良好的决断能力，如果遇事畏畏缩缩、犹豫不决，就会失去成功的好时机。

这就好比打仗，双方费尽周折，都在根据对方的行动不停地调整，不停地改变策略。双方的神经紧绷着，等待着对方的失误，等待着战局优势倒向己方，而一旦获胜的机会到来，就应该毫不犹豫地抓住。如果机会到来，却犹豫不决，当断不断，最终会错过大好时机，从而导致失败，最终会与胜利之失之交臂。

三国时期的袁绍出身于豪门世家，他聚集了一大批战将谋士，并且兵强马壮，形成了一个实力强大的集团，且拥有着非常有利的形势。但是袁绍却有一个特别不好的毛病，那就是优柔寡断，多谋少决。在观察他对刘备的表现时，就能看出他优柔寡断的致命伤，这最终让他一败涂地。

在白马之战中，当袁绍听说手下大将颜良被一位赤脸长须、手持大刀的勇将杀死以后勃然大怒，他的谋士沮授也建议他尽早除去刘备。

◇纠错能力

　　于是袁绍指着刘备说道:"你的兄弟杀了我手下大将,你是他的主公,自然你们就是一伙的,这件事情你们肯定早有预谋,我留着你还有什么用呢?"接着,命令士兵把刘备推出去斩首。

　　刘备却不慌不忙地说道:"天下相貌一样的人很多,难道赤脸长须的人就都是关羽吗?您为什么不去弄清楚呢?"

　　袁绍听了,觉得非常有道理,于是立即改变了主意,并反过头来责怪沮授说:"我如果误听了你的话,那就杀错好人了。"于是仍然将刘备请进营帐中,一起商量如何为颜良报仇。

　　过了一段时间,袁绍的手下郭图、审配进来向袁绍汇报,说关羽把袁绍的另外一员大将文丑也给杀了,请求袁绍把刘备杀了,而刘备还装作不知道。

　　一连损失了两员猛将,袁绍非常生气,他气急败坏地对刘备说:"大耳贼,你竟然敢如此对我?"于是再次喝令手下把刘备推出去砍头。

　　刘备再次辩解说:"曹操一向忌恨我刘备,他知道我在您这里,担心我帮您对付他,就故意派我的兄弟杀了您的两位将军。您知道这件事情以后一定会十分生气,这样势必会杀了我以解心头之恨。这是曹操的借刀杀人之计,目的就是借您的手除掉我,我希望您能够多多思考一下,以免中了曹操的奸计。"

　　袁绍听了刘备的话,又反过来把手下人训斥了一番,说道:"刘备的话非常有道理,你们这些人差点儿让我失去了英明,差点儿杀了贤士,这是多么昏庸啊。"

袁绍两次想杀刘备，都因为刘备的一番话而放弃了。刘备固然机敏，但袁绍优柔寡断、缺乏主见的性格特点却是更为主要的原因。

成功者都是善于抓住机遇的人，虽然他们有时难免也会犯错误，但是比起那些做事犹豫的人要强很多，而他们取得成功的概率也比优柔寡断的人要大得多。

俗话说："机不可失，失不再来。"面对良机，就应该当机立断，迅速出击，一定要果断抓住，不可犹豫不决，畏畏缩缩。

做一件事之前思考一下是应该的，但如果过于犹豫不决就非常不好了。做事时犹豫不决、瞻前顾后，缺乏应有的勇气，当断不断，那么事情就无法很好地完成了，甚至可能会朝着相反的方向发展。

积攒经验，就是在积攒未来

人生不是一盘棋，不至于因为走错一步而痛失全局；人生更像足球赛，即使最强的球队也有输的时候，即使最差的球队也有扬眉吐气的一天。

人的一生就是这样，充满着成功和失败、顺境和逆境、幸福和不幸。因此，挫折是一个人迈向成功必须面对的一个基本课题。

俗话说："吃一堑，长一智。"一面回视过去，吸取教训；一面展望未来，充满希望。勇敢面对失败，在失败中增长人生智慧。绝处尚有逢生的机会，风雨过后就是灿烂的彩虹。没有迈不过去的坎儿，只有过不去的人，在哪里跌倒就应该在哪里站起来。

有一个渔夫的儿子，叫作麦西，15岁出海跑船，后来厌倦

◇纠错能力

了海上的生活,带着500美元的积蓄,独自来到波士顿,开了一家卖针线和纽扣的小店。由于这些东西利润薄、销量也小,小店没开多久就被迫关门。等把货物全部盘出去,本钱也损失了一大半。这是麦西生意上的第一次失败。

尽管是失败,但麦西很乐观:"至少我明白了一个教训,做日用品生意,一定要卖热门货。"

没多久,麦西又积攒了些钱,又开了一家布店。这次开店,麦西自认为已经驾轻就熟了,该万无一失了吧,结果,他错了。

布店生意以妇女为对象,她们一般喜欢光顾老店,因为跟店里的人熟悉了,有安全感,用不着担心受骗。而麦西不仅是外乡人,又是新开的店,货色还不全,所以光顾者很少。生意清淡,货物卖不出去,资金周转不开;没有钱进新货,没有钱做广告,顾客自然更少。如此恶性循环,布店不得不关门。这是麦西第二次失败。

生意失败的麦西来到旧金山,几番思量,麦西再次重操旧业。这次,他吸取了前两次的教训。当时有一种淘金用的平底锅很畅销,麦西就以低别人一成的价格出售,并告诉买锅的人,请他们转告其他的人来买他的锅。这种廉价多销的创意,让麦西赚了一笔钱。

一年后,麦西带着赚到的钱盘回了当年兑出去的布店。这次,麦西是有备而来,推出了一系列的销售策略:第一,每天都在当地各种报刊轮流刊登广告;第二,每个季节都会挑出几样热门货,低价促销,让每位顾客都能买到真正的便宜货;第三,增

第七章 失败不是必然，成功也不是偶然 ◇

加货品种类，除了经营布，同时还销售肥皂、拖把、衣服、袜子之类的日用品；第四，明码标价，这算是麦西最成功的创意，一来省去讨价还价的麻烦，二来也消除消费者怕上当的心理。不管什么商品，顾客认为价格合适货色满意了就买，毫不勉强。

可是，出人意料的是，麦西的廉价商店还是倒闭了，而且这次垮得很惨，几乎把老本全部赔光。当他陷入绝望的时候，他的大舅子荷顿找到他，并主动提出与他合作，表示愿意出资入股。

麦西百思不解时，荷顿说："你这次失败原因在于这地方太小，水浅养不住大鱼。但你学会了经营，这比什么都重要。"

就这样，麦西再次开始创业，这次他决定到美国最大的城市纽约开创自己的事业。到了纽约之后，麦西如鱼得水。起初，他在十四街买下一个店面，开设了他的第一家百货店。10年之后，麦西百货公司的规模几乎占了半条街。在这10年当中，麦西在百货业界所向披靡，处处领先，经营的货品从吃的、穿的到用的，几乎无所不包。很多人想超越他，最终也只能望其项背。

麦西成功了，几经挫折、沉浮，最终取得巨大的成功。

仅就麦西的才能而言，他对企业经营并没有多少天才，但他能接受失败的教训，终于成为美国百货业创始人之一。

智慧的增长，不但可以从成功的经验里来，也可以从失败的教训里来，它们的价值都是绝对的。成功太容易让人得意忘形，而失败却总是刻骨铭心。

面对挫折和失败，应该保持乐观积极的心态；积极向上的心态，

◇纠错能力

能让人头脑清醒；只有头脑清醒，才能找出问题症结；发现问题的症结，才会有解决问题的办法。

挫折和失败像一块磨刀石，磨刀石能让刀剑锋利，挫折能帮助人们提升发现问题、解决问题的能力。

失败是一次学习的机会，我们要学会从中积攒经验。同时，也不要羡慕别人的成功，更不要鄙夷别人的失败，而是应该学会分析和总结现象背后的本质，找出别人失败或者成功的全部原因。取其长，补其短，做自己该做的事情。

心思缜密，莫为后路留隐患

公元前627年，秦国军队偷袭郑国，但是晋国已经事先获得了可靠的情报。晋文公的丧事刚办完，晋襄公就跟大臣们商议与秦国交战的事，他们在崤山布置了天罗地网，等候秦军的到来。孟明视等率领的秦军到了崤山，就等于钻进了一个大口袋，结果导致秦军全军覆没，尸横遍野，孟明视等三员大将也被活捉了。

晋襄公原来本想把他们杀了，但是因为晋襄公嫡母文嬴，是秦穆公同宗之女，她出面向晋襄公求情，襄公只好将这三人放走。大将先轸得知这件事后，极力阻止，说这样做是放虎归山，将来恶虎一定会返回伤人的。晋襄公醒悟过来，急忙派人追赶，可是已经来不及了。孟明视等对追赶的人说："承蒙晋君宽恕了我们，我们万分感激，三年以后，我们一定会再来报答贵国的。"

孟明视等三员大将回到秦国后，秦穆公穿了素服，亲自去城外迎接。秦穆公非但没有治他们的罪，反而自责没有听父辈的劝告。三人见状，心中十分感激。从此以后，他们更加认真操练兵马，一心一意要为秦国报仇。这期间，他们率领秦军打了两次仗，又都失败了。然而，这也更加激励了他们苦练兵马的决心。

公元前624年夏天，孟明视做好了一切准备，他在秦穆公的全力支持下，再一次向晋国进兵。大军渡过了黄河，孟明视对众将士们说："此次出兵，是只有进路没有退路的，我想把船烧了，做必死的决心打仗，大家看好不好。"将士们一致同意。

战斗很快打响了，秦军憋了两年的闷气和仇恨，在战斗中全都爆发了出来，他们势如破竹。几天工夫，秦军不仅收复了丢失的城池，还攻下了晋国的八座大城。晋国上下全都慌了，晋襄公下令，只许守城，不许与秦国人交战。秦军在晋国的土地前不停地来回挑战，却没有一个晋国人敢出来应战。

晋襄公的失败悲剧是令人同情的，而这个悲剧的原因就在于其一时的妇人之仁，放走了秦国的大将孟明视，使其有机会东山再起，从而为自己留下了祸根。这也给我们以警示：做人做事要做到心思缜密，尽力排除掉不利因素，不给未来的人生和事业留下隐患。

一个人做事总是马马虎虎，得过且过，就会留下失败的漏洞；一个人总是不把潜在的不利因素放在眼里，就会被自己的盲目自大所欺骗；一个人如果明知前路布满荆棘，却视而不见，终究会在人生之路上遍体鳞伤。想要成就大事，缜密的心思必不可少，霸气和魄力也是

◇纠错能力

必不可少的，应该及早将隐患清除。

敢于"秀"出自己，才有翻盘的机会

俗话说："酒香不怕巷子深。"但有时候酒香也怕巷子深。尤其是一个人面对失败时，如果听天由命，自然再无崛起之机；如果敢于一次次去表现，自然也有获得反败为胜的机会。所以，善于自我表现、主动表现的人，往往能抓住改变命运的机遇。

汉武帝时，齐国临淄人主父偃饱读诗书，很有才能，一心想建功立业。他游历多个诸侯国，却到处碰壁。

主父偃心想："树挪死，人挪活。既然诸侯国不待见我，我就到都城长安去。"

听说将军卫青重视人才，主父偃就去拜见卫青。交谈中，卫青发现主父偃是个人才，就数次向汉武帝推荐，汉武帝并没放在心上。

时间一长，主父偃的银两花完了，吃饭都成了问题。主父偃很苦恼，只好上书给汉武帝。

此时的汉武帝，正为匈奴人的袭扰而烦恼。他从主父偃的上书中，看到了主父偃对付匈奴人的观点，看法很有见解。尽管汉武帝的想法和主父偃并不一致，但汉武帝还是召见了他。同时被召见的，还有徐乐、严安二人。

在谈话的时候，汉武帝觉得三人都很有才能，有些惋惜地说："公等皆安在，何相见之晚也？"意思是你们都跑哪儿去了，为什么我和你们这么晚才相见呢？

第七章 失败不是必然，成功也不是偶然◇

汉武帝当即赐予三人重要官职。其中，最让汉武帝赏识的主父偃，竟然一年中接连升迁四次，得到破格任用。

虽然主父偃起初被推荐失败，但他敢于一搏，主动出击，才有了后来的受重用。

所以，不要害怕失败，很多时候它只是人生路上的小插曲。这就要求我们必须有耐心和恒心，敢于一次次去表现自己。当你表现多了，被发现、被赏识的可能性就会大大增加。当你的表现得到认可之时，就是机遇来临之日。

有一位穷困潦倒的年轻人，身上全部的钱加起来也不够买一件像样的西服。但他仍全心全意地坚持着自己的梦想，他想做演员，当电影明星。

好莱坞当时共有500家电影公司，他根据自己仔细划定的路线与排列好的名单顺序，带着为自己量身定做的剧本——拜访，但第一轮拜访下来，500家电影公司没有一家愿意聘用他。

面对一次次的拒绝，他没有灰心，从最后一家拒绝他的电影公司出来后不久，他就又从第一家开始了他的第二轮拜访与自我推荐。第二轮拜访也以失败而告终。第三轮的拜访结果仍与第二轮相同。但这位年轻人没有放弃，不久后又咬牙开始了他的第四轮拜访。当拜访到第350家电影公司时，老板竟破天荒地答应让他留下剧本先看一看。他欣喜若狂。几天后，他获得通知，让他前去详细商谈。就在这次商谈中，这家公司决定投资开拍这部电

◇纠错能力

影,并请他担任自己所写剧本中的男主角。不久这部电影问世了,名叫《洛奇》。

这位年轻人的名字叫史泰龙,后来他成了红遍全世界的巨星。

失败是每个人都会遇到的,而能够面对一次次失败永不服输,不断表现自己的人却不多。绝望的人在面对失败时没有做下去的勇气,他们自认为已陷入绝境,从此一蹶不振。而有的人却恰恰相反,他们面对失败从不气馁,而是敢于再一次秀出自己。

人生在世,不论事情在现在看来是如何的糟糕,千万不要以为没有办法了,也不要因为一次失败就认为自己无能,每一个人几乎都是由不断失败,再不断爬起来才获得成功的。因此,每当觉得开始绝望的时候,就多鼓励自己再试一次,只有给自己一个展示的机会,成功的机会才会青睐于你。